U0382144

吃宝贝出聪明来

0～6岁宝贝的吃喝玩乐资优课

幼儿营养专家

庄淑妃◎著

人民东方出版传媒

东方出版社

解决宝贝们的成长问题，是资优培养的初衷

我从事复健医学的儿童疗育领域近二十年时间里，看过无数的小朋友。他们每个都有优点和缺点，形成各自不同的性格，都是亟待开发的宝库。有些宝贝因为形于外的表征，可能是不专心、语言能力较差、情绪行为控制不佳、偏食等，导致父母和长辈认为他们是令人头疼的，进而抱持着"宝贝不乖"的观点。当然，更多的父母尽心尽力地帮助宝贝，但苦于不知道方法，甚至用错了方法，以至于亲子关系异常紧张，甚至变相地扼杀了宝贝的未来。

若是仔细分析这些宝贝的"问题"，可能只是简单的"感觉统合失调"罢了。类似的问题，在很多小朋友身上都有体现，往往是大人因为不了解而产生误解，甚至被家长或老师误导，错误地认为宝贝有严重的行为问题。

本书作者庄淑妃小姐，是一位优秀的营养专家，也是笔者大学时代的同学。我们平时常就复健治疗方面的相关理论进行讨论与畅谈，更从当时已逐渐兴起的"个性与营养"的相关研究中，发现孩童的诸多个性偏差行为与相关营养素的缺乏密切相关，深感有必要将幼教与营养学作为新兴幼教教学的主导，否则在当前的社会环境下，宝贝的竞争力很容易因为大人的忽视而日趋下降。

庄淑妃小姐持续推广资优早教工作至今，令人敬佩。她利用营养及感统两者理论，巧妙解决宝贝的成长问题，其方法和建议是每个宝贝和家长都需要的，笔者乐于推荐这本书给大家，请父母们好好利用本书，帮助学龄前宝贝健康成长，同时也利用书中设计的亲子游戏，更加了解

宝贝，促进亲子关系。说不定，身为父母的你，也能找出自己孩提时未被开发的潜能，变成资优父母呢！

福建省金门县早期疗育推动委员会委员
财团法人希望基金会附设家园园长
德林复健医疗专业中心执行长
仁辅儿童发展中心执行长

吴东昇

推荐序2

吃好加玩好，
才能教出资优宝贝

在今天，许多父母在外面辛苦地打拼，就是希望能给宝贝提供良好的成长环境，使其将来拥有十八般才学，成为社会上有用的人才。而当宝贝的成长过程中出现某些异常状况，做父母的那份焦急与心疼都是显而易见的。除了求助于医师和教育专家的指点外，他们还能够做什么呢？庄淑妃小姐在这本书中一语点醒了父母们："每个宝贝都是资优儿，但要父母当伯乐""总是在做了爸爸（妈妈）后，才懂得如何做个好爸爸（好妈妈）"……父母对孩童成长认知不足或者帮助不当，很容易耽误孩童的黄金塑造期（学龄前时期，通常为0~6岁）。本书作者庄淑妃拥有"患者与医者"的双重角色，经过"营养与幼教"的专业学习，巧妙地结合营养学及肢体开发，将幼教辅导技巧建立在均衡营养的前提下，帮助宝贝资优成长，也帮助父母正确育人。

举例来说，本书中借由"祥祥害怕上学"的案例，提到许多宝贝的通病——不会用筷子。这大都是因为长辈的溺爱，阻碍了宝贝主动学习的欲望。像用筷子一样，许多学习是有其循序渐进的程序的，跳跃性的学习很容易阻碍宝贝的提高。

对于本书作者提出的"父母不要总是把最好吃的菜留给宝贝"，个人非常认同：宝贝只顾自己享用，不懂得分享，显然是错误的。虽然"爱无法以爱多、爱少去衡量"，但是，父母们应该去思考正确的爱是怎样的。

本书另外的一个育儿重点就是"营养"。在谈到营养之前必须得先认识食物，所以书中也花了一些章节教读者如何"确保食物来源"，

"挑出好食物，吃出健康聪明的下一代"，建议父母们不迷信高定价食品，以新鲜、自然、无污染食材作为料理的前提。

此外，文中也提供给父母一些育儿小技巧，比如在不被宝贝发觉的情况下，多给宝贝补充各类蔬菜及水果；试着让宝贝吃下排斥的食物；让宝贝先吃下食物，再慢慢导正他偏食的口味；注意进食的场所及气氛，不可以大声催促；让宝贝定时定量地摄取食物；让宝贝在适当的时间摄取食物，保证血糖的高低起伏不会太大，以免影响宝贝的情绪，等等。

本书将教养及营养的专业理论，借由作者浅显易懂的文字，呈现给读者们，确实是一本适合学龄前父母"人手一册"的实用育儿与营养宝典。

台北医学大学公共卫生暨营养学院
保健营养学系助理教授

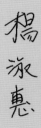

作者序

每个宝贝都是资优儿，但要父母当好伯乐

小时候，妈妈们总是喜欢比较，谁家的宝贝长得比较快，谁家的宝贝最先坐起来，谁家的宝贝第一个快走……"我家女儿没有爬就直接走啰！"这是我母亲对外形容我的一贯骄傲的说法，仿佛当时还是宝贝的我，将来一定会是个超级天才。

问题是长大后，我既没有变成天才，更没有跳级念书，反而上课坐不住，写字很没耐心，并且身边只要有人就没办法读书，看别人的书都比自己的书有趣。

成年后，我进入医学院的营养系，和几位复健系职能治疗组的高材生有了不错的交情。在和他们的交谈中，我才了解到什么叫神经医学及婴幼儿和青少年的复健职能辅导，更发现原来我妈妈当初的骄傲，根本就是个错误！

根据感觉统合的理论，由于我小时候没有经过爬的过程，因此颈部的运动不足，大脑中专门负责注意力的蓝斑刺激不够，才会产生注意力不集中和记忆力较差的问题。尽管知道问题症结所在，但是已经超过了感统理论上所谓的黄金修正期（0~6岁），因此就算再多的努力，都还是成效不彰。

经过这切身之痛，促使我后来去念幼儿辅导的相关课程，也进入幼教相关产业工作，再加上营养学专业的背景，开启了我将营养与幼教相结合的想法。我在讲授课程与亲子讲座中，试着让家长了解每个宝贝都有自我独特的发展历程，希望父母们鼓励并且协助宝贝一步一步地成长。不只是宝贝，许多父母也获得了较大帮助，不只是成为宝贝的伯

乐，也发现自身的问题和不足，间接成为了自己的伯乐。而在对幼儿园所的师资培训中，我也把营养学及肢体开发这两项结合起来，再通过倾听、关怀等辅导技巧，使许多宝贝因此得到了正确的帮助，改善了情绪及人际关系。

　　培育快乐资优儿的方法，并没有太高的门坎，也不需要父母勤上补习班和潜能开发班。只需在日常生活中，多注意营养的补充、活动的引导，再通过家长鼓励的态度，宝贝就可以快快乐乐地成长。这即是我从事这份工作最大的成就感所在。

　　希望这本书的问世，可以帮助父母知道自己的宝贝其实就是千里马，认识到身为父母应当尽力承担伯乐的工作，以免使宝贝错过资优突破的关键时期。

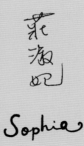

导论

宝贝未来的
竞争力在哪里

今天，每个家庭的宝贝愈来愈少，更多的独生子女成为家庭的中心。家长们希望宝贝能够成龙成凤，但是很多时候他们不知道该怎样与宝贝互动和交流，更不知道如何恰当而正确地教育宝贝，由此产生了很多摩擦和误区。

在对未来社会竞争的焦虑中，父母对宝贝寄予了更多的希望，也提出了更大的要求，这使得宝贝从小就被迫肩负着巨大的压力，而且每个宝贝都免不了要被相互比较。宝贝的成长与健康，是绝大多数父母最看重的事。我们付出金钱、时间、体力，认真且努力地筛选宝贝就读的学校，从幼儿园到高中，从补习班到特长班，期望宝贝能够赢在起点，继而可以赢到终点。然而，现实的情况是很多家长施加在宝贝身上的愿望，却常常事与愿违，或者效果一般。

在这里，不妨比较邻国日本的教育。在日本，尽管宝贝们都必须承受巨大的升学压力，但是近些年来，日本教育的多元化发展方向，逐渐与"过独木桥"的传统路线区隔开来，由此宝贝不再像以前一样，只是以学历取胜，成为升学考试下的奴隶。日本人大量吸收西方医学的儿童发展理论，进而研发出"体适能发展"的概念，使得日本在精细科技上取得巨大的成就，创造出大量优秀的人才。邻国好的经验我们当然可以借鉴，譬如重视营养补充，特别是优质蛋白质、钙、铁、维生素等的摄入；体适能训练课程，其实与本书所提倡的"感觉统合课程"相似，即是以全新的教养观念，取代单一的培养模式。

本书的案例，均是笔者在多年的咨商经历里，总结出0~6岁宝贝经常

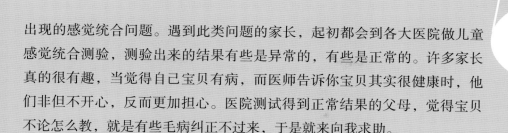

出现的感觉统合问题。遇到此类问题的家长，起初都会到各大医院做儿童感觉统合测验，测验出来的结果有些是异常的，有些是正常的。许多家长真的很有趣，当觉得自己宝贝有病，而医师告诉你宝贝其实很健康时，他们非但不开心，反而更加担心。医院测试得到正常结果的父母，觉得宝贝不论怎么教，就是有些毛病纠正不过来，于是就来向我求助。

事实上，人脑是很微妙的构造，感觉统合能帮助父母更了解自己的宝贝：**为何宝贝在学习上比别人慢？为何宝贝在行为上有异于常理的举动？为何宝贝无法控制自己的情绪？**诸多问题都能从中找出答案。每个宝贝的症状有轻有重，轻微的异常，有时不易从测验中发现，但是我们同样可以通过感觉统合课程来寻求改善。在持续不间断的课程里，宝贝的异常情况，一定会慢慢矫正过来。

同时，为了让宝贝能够从活动中加速进步，家长们还可以配合饮食的调整，让宝贝获得充足的营养素，这样能达到事半功倍的效果。例如好动又无法专心的宝贝，应少吃含有升糖素的食物，像薯条、面粉制品、冰激淋等；多吃纤维素高的食物，例如糙米、燕麦、地瓜等，以减缓血糖上升，稳定情绪。

教养宝贝要从身、心、灵三方面进行科学系统地调整，绝不是大人们所追求的高效成才率。首先，父母的心态必须调整过来，你不是强迫宝贝接受改变，而是为他创造一个适情适性的教养环境；其次，父母的陪伴对于宝贝是非常重要的。本书的感觉统合、资优培养的目的是希望每位家长都能亲自操作，和宝贝"吃喝玩乐"在一起，而不是抱着要宝贝赢、达到某一结果的心态。

父母哪怕小小的鼓励，对宝贝都会起很大的作用。为了宝贝，请放慢自己急切的心态与匆匆的脚步，握着宝贝的小手，领着他一步一步地向前走。

CONTENTS

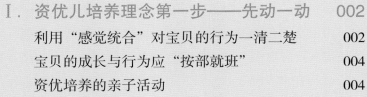

Part1 "令你大跌眼镜"的资优儿培养理念

Part2 "操作很EASY"的资优儿培养七步走

CONTENTS

Part 1

"令你大跌眼镜"
的资优儿培养理念

　　了解宝贝的优缺点，其实并不难，从宝贝的"玩乐活动"和"饮食喜好"就可以观察出来，之后再依据本书的提示，就可以很快看到宝贝的进步了。Part1分别从感觉统合和营养角度切入，介绍宝贝在活动与饮食中的相关常识，让家长能够基本掌握宝贝的特点。

Ⅰ. 资优儿培养理念第一步 ——先动一动

利用"感觉统合"对宝贝的行为一清二楚

我从事心理咨商师多年，发觉许多家长因为家中小朋友的日常行为有异于同龄宝贝而苦恼。面临这种问题的家长，通常会求助于感觉统合的评估诊断，不少家长得到的答案是"无异常现象"或是"一切正常"。但事实上，这些小朋友在生活上，的确有些行为是异常的且无法得到合理的解释。

例如在后面的案例中提到的小女孩，常常无缘无故动手打别的小朋友，归根结底是因为**她不知道轻重的分别，以至于出手太重而伤害到别人。这样的例子我们称之为"本体感觉迟钝"**。本体感觉迟钝的小朋友感觉统合并非异常，只是与同年龄的宝贝相比较起来有迟缓的现象。这种轻微的异状，可以通过感觉和动作之间的配合运用来得到改善。

感觉统合理论以及感觉统合治疗是从何而来呢？它要追溯到20世纪90年代初期，是由美国的职能治疗师——让•艾尔丝（Jean Ayres）博士所创立。艾尔丝博士以一群智能正常，但在学习、行为或情绪上有不同异常的孩童作为研究对象，通过神经系统及儿童学习行为之间的关系进行分析，从而得到这一理论，发展至今，就是现在大家常听到的感觉统合以及感觉统合治疗。

感觉统合治疗通常用于治疗有感觉统合障碍的个案，**譬如常常跌倒或撞伤、做事不专心、自我控制差、缺乏自信、语言迟缓等**。主要的治疗方式是提供适量感觉刺激活动，以促使儿童能够主动而适当地与周遭环境发生互动，进而做出正确的回应，即通过一系列设计活动，帮助有感觉统合障碍的宝贝矫正他们的行为问题。

听起来，感觉统合治疗针对的是"问题儿童"。许多家长会觉得："我的宝贝应该没有问题啊，能跑能跳、能吃能喝，不需要所谓的感觉统合治疗吧？"实际上，据医学数据表明：**85%以上的0～6岁孩童或多或少都存在感觉统合方面的问题。**

如果你的宝贝聪明伶俐、好动灵活，但是不知道为什么，注意力就是无法集中，没办法好好地坐在椅子上听课；或是各方面表现非常好，但是却害羞得不得了，团体活动时总是一个人坐在角落。这些都属于感觉统合方面的异常表现，如果家长或老师忽视这一问题，日子久了，宝贝就变成班上的"问题学生""特殊的一个"。

感觉统合有异常的现象，对宝贝的智能发育影响的确不可忽视。至于哪些行为有可能是感觉统合异常的征状，家长们可以对照自己宝贝的表现，符合的情况就在下面的表格里打个"√"，一旦超过3项符合，则宝贝就可能出现感觉统合的异常。符合的项目越多，则感觉统合异常的程度就越深。

☐ 容易分心，无法专心做一件事

☐ 不喜欢被人触碰或是抚摸

☐ 受伤或天气冷热无法清晰感知

☐ 看到什么东西都想要碰、想要摸

☐ 害怕从事动态的游戏，比如荡秋千、捉迷藏

☐ 很容易跌倒，平衡感较差

☐ 脾气不好，易怒，做事没有耐心

☐ 常常一个人躲在角落里，不喜欢和其他小朋友相处

☐ 表达能力不好，与人沟通困难

☐ 逻辑能力差，不会辨别形状

☐ 日常动作，像绑鞋带、穿衣服、刷牙等，学得比别人慢

☐ 理解能力差，听不懂别人说什么

☐ 无法准确判断物体的远近

☐ 手部无力，不太会写字、握物

☐ 容易自卑，抗拒新的变化

如果上述选项中，宝贝符合6项以上，爸爸妈妈可以就近找专业的早教机构，帮助宝贝进行感觉统合评估。通过感觉统合的一系列评估表（如赖氏动作困难量表、贝瑞氏视觉动作统合测验表、布尼氏动作能力测验、感觉统合异常临床评估表、儿童活动量表、学龄前儿童发展量表、画人测验、模仿测验、南加州旋转后眼球震颤测验等），确定宝贝目前的异常程度，以便进行针对性的感觉统合治疗。

★何为"感觉统合异常"

简单地说，宝贝的神经系统具有对外界讯息响应以及应变的能力。痛了会叫，快摔倒了会挥扶，大脑会对各种刺激反应的讯息产生动作、反射、情绪、语言等外显行为。倘若讯息传达不良，则有反应慢、不合常理等行为发生，统称之为感觉统合异常。

宝贝的成长与行为应"按部就班"

宝贝的成长是由上往下、由粗到细的，老话常说的"七（个月）坐八（个月）爬"，指的就是这种阶梯式、阶段性的发展过程。如果其中有一项步骤没有完成，就会影响下一个步骤。在实务中我发现，若非先天智能不足、生病或者外伤造成的残障儿童，通过适当的刺激以及设计合适的活动，就能够帮助宝贝在智能发展上保持正常，并且有较大的进步。感觉统合治疗，正是在上述理念的指引下成功地帮助许多孩童。

许多家长一提到"治疗"两字，就非常担心，以为方法无非是打针加吃药，弄得宝贝哇哇哭，让大人不断揪心。其实，感觉统合治疗不同于其他疾病的药物治疗，主要是提供宝贝能接受的感觉刺激活动，也称为"感觉餐"（Sensory diet），借由一系列为各种感觉统合异常的现象所设计的活动、测验，帮助有感觉统合异常的孩童治疗及矫正行为。若评估结果为轻微异常或正常，但宝贝却持续有异常行为或是难以改正的行为，家长们就可以通过本书的建议，利用亲子游戏加饮食搭配的方法，改善宝贝的行为。

资优培养的亲子活动

本书的亲子活动即是根据小朋友发展上的需要，设计出具有针对性，可促进神经系统整合的活动。这些亲子活动是游戏，能使小朋友乐于挑战，玩在其中，还能激发其反应，让小朋友在动态环境里得到大量的触觉、前庭觉和本体觉刺激。在亲子活动中，小朋友还能借此训练两侧协调、手眼协调等能力，进而发展出有效学习的神经系统。

索菲亚老师说

★什么是"触觉、前庭觉与本体觉"

触觉、前庭觉与本体觉为孩童发展早期最基础的三个感觉系统。触觉是皮肤接收来自碰、压等外界刺激而产生的感觉；前庭觉在内耳里，能侦测头部的感觉，影响动作能力；本体觉是肌肉关节的感觉，能控制肌肉关节的行动。本书借由不同的活动设计，交互运用这三种感觉系统，从而达到训练神经系统的效果。

资优培养的亲子活动不仅能给家庭带来欢乐，同时也可以让宝贝的感觉统合得到平衡，让脑细胞得到正向的回馈，甚至于可以调整宝贝的情绪、人际关系，进而提升自我价值。给自己和宝贝一些时间一同游戏，绝对是对宝贝未来获益匪浅的行为。

在本书中，我们提供以下功能的资优亲子游戏：

☐ 适当控制环境中的感觉刺激来源，以改善大脑的感觉整合。

☐ 以亲子互动为主，设计有目标的活动，引导宝贝做出适当反应。

☐ 依照个体的发展顺序，由浅入深提升宝贝的各项发展能力。

☐ 以游戏的方式，给予宝贝适当的挑战，让宝贝主动参与和开心的玩。

本书的游戏主要针对0～6岁孩童，有些游戏需要较高层次的认知能力，每个游戏的适用年龄，需要爸爸妈妈自行考虑。

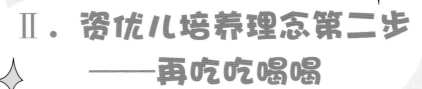

II. 资优儿培养理念第二步——再吃吃喝喝

食物不说谎：饮食调节宝贝的感觉统合能力

宝贝的学习效果、情绪与饮食的关联极大。以英国最新的研究报告显示：**人工色素调制的饮料和所含防腐剂，和儿童多动行为有密切关联**。这项研究将153位3岁儿童、144位6岁儿童混合成两组进行实验。一组每天喝的是鲜榨的果汁，另一组每天喝的是含食品添加剂的饮料。一周之后发现，第二组儿童行为"明显反常"，过动行为趋向增加10%。

这表明，食品色素和一些防腐剂，确实会对儿童行为造成负面影响。当宝贝已经出现过动的倾向，或是躁动的情绪，可以通过一些亲子互动游戏，加上食物调养及亲子关系的改善，调整过来。

同理，中国数千年累积下的老祖宗智慧——"医食同源"的理论告诉我们：**累积在身上的毒素，通过适当的饮食方式，可以自然地排出毒素，并且改善体质，增加抵抗力**。

尽管普通家庭的父母没有中医师的专业技能，不了解那么多中药材的功能，但是只要多用心，就可以给宝贝制作有助于感觉统合正常的美食。有鉴于此，本书提供正确的食材及食谱，帮助父母让宝贝吃得健康、吃得快乐，再配合亲子活动，即可有效地刺激宝贝的发展，让宝贝成为资优儿。

确保食物来源，吃出壮壮的身体

近来，黑心食品的问题屡屡出现，由此父母们必须正视食物来源问题，才不会花了钱却赔了宝贝的健康。在本书中，食物的挑选，均以健康无污染的食材为第一优先，不迷信高定价食品，以新鲜、自然的食材为主，这样一来，让宝贝吃出健康就不是件棘手事了。本小节旨在提醒父母们，食物来源很重要，对各项调味品的挑选也必须谨慎。

挑选新鲜安全食材的小技巧

- 选择有生产日期的蔬果。
- 选择符合时令的蔬果。
- 选择有商誉市场的蔬果、肉品。
- 新鲜肉品在常温下容易繁殖细菌，选择冷冻肉品较安心。
- 选择有屠宰卫生合格章的肉品。

食用油类

大家对于食用油的使用已愈来愈有心得，除了常见的花生油、大豆油，也尝试使用橄榄油、苦茶油等油品。但是不一样的油，适用于不同的温度，这一点是需要引起注意的。

譬如说，橄榄油由于不同的榨取方式，而有不同的食用方法。第一道初榨的橄榄油，由于油品精纯，最能够表现出橄榄油的特殊果香，色泽及香味都让人心动。但是这样的油品，只适合在低温的状况下烹调，譬如凉拌，或者作为面包的蘸料，才可将橄榄油的美味表现到淋漓尽致。

第二道至第三道榨出的橄榄油，耐高温，可用来高温煎炒烹炸，但要注意里面是否添加任何的油品安定剂（请注意油品外包装成分标注）。添加安定剂的油，不但无法如我们所期望的达到保健的效果，甚至由于安定剂与油加上高温的作用，产生致癌物质，损害身体健康。

食用油种类	营养价值
橄榄油	◆ 橄榄油主要含油酸、亚油酸及不饱和脂肪酸，并含有多种维生素。建议食用第一道冷压制作的橄榄油，其不饱和脂肪酸含量高达75%。 ◆ 橄榄油所含的胆固醇是所有食用油中最低的，对预防高血脂症和抗氧化方面都有很好的效果。 ◆ 地中海饮食大量使用橄榄油，该地区罹患冠心病人口比例较少。
葡萄籽油 	◆ 葡萄籽油所含的不饱和脂肪酸高达95%，亚油酸则在75%以上，比一般食用油、药用油（红花油和核桃油）都高。 ◆ 葡萄籽油含有丰富的超级抗氧化物"花青素"，能降低低密度脂蛋白胆固醇，使高密度脂蛋白胆固醇升高，对防治冠心病有利。 ◆ 葡萄籽油中含量丰富的亚油酸是人体合成花生四烯酸的主要原料，而后者又是人体合成前列腺素的主要物质，有扩张血管、防止血栓形成的作用。 ◆ 葡萄籽油不论是做沙拉、热炒，都非常适宜，且有燃点高不易起油烟的优点。
苦茶油 	◆ 苦茶油是苦茶树的茶籽榨取的脂肪油，含有丰富的单元不饱和脂肪酸，脂肪酸比例接近橄榄油，抗氧化能力非常强，能降低坏胆固醇及总胆固醇，是营养价值较高的油脂，且容易保存。 ◆ 对食用油来说，饱和脂肪酸比例过高，有升高血脂之风险；多元不饱和脂肪酸比例过高，有增加氧化损伤的风险。而单元不饱和脂肪酸最为安全，茶油的单元不饱和脂肪酸高达90%以上，所以非常安全。

糖类

宝贝们都喜欢吃甜食，但对于甜味剂的添加，家长应当小心谨慎。市售的许多甜食，都添加了食用色素、糖精及各种食品添加剂，虽然注明可食用，但食用过量会破坏宝贝正常的味觉，造成营养不良，长年累月下来，堆积在肝脏及肾脏，增加排泄器官生病的几率。建议家长用砂糖作为甜味添加剂，但是更好的甜味剂是低聚糖。

什么是低聚糖

低聚糖又称寡糖，是替代蔗糖的新型功能性糖源。与果糖比较起来，低聚糖的热量更低。由于结构的不同，宝贝吃了低聚糖不但不会蛀牙，还能有防止蛀牙的功能。低聚糖具有低甜、低热量的特点，不易被消化酵素分解，不会被有害菌加以利用，有改变肠道菌丛生态、增加有益菌优势、促进新陈代谢、帮助消化等功能。

酱料类

在爸爸妈妈精心制作的资优餐中，酱料的选择也是很重要的。在食谱中，父母可提供沙拉酱的替代品，让宝贝吃得健康快乐，又不摄取过多的油脂。

除了酸奶外，还可以选择有机的梅子浆，作为沙拉酱的替代品。真正的梅子浆，是采用天然的紫苏梅去籽，再加少许糖去除涩味后腌渍出来的，酸中带甜的口感对于宝贝很有吸引力。准备一罐梅子浆，淋在西红柿、地瓜等点心，或者淋在生菜水果沙拉上，替代纯粹是油脂的沙拉酱。

好食物孕育健康聪明的下一代

　　以食材种类作区分，家长们可以从下列表格中分析食材的营养价值，结合宝贝的实际需求，在做菜或外食时，都能有很好的参考依据。

蔬菜种类	营养价值
绿叶类	◆ 绿叶蔬菜包括菠菜、空心菜、地瓜叶、苋菜、莴苣等。 ◆ 在蔬菜中绿叶蔬菜营养最丰富，含有丰富矿物质、维生素、膳食纤维和无机盐，能促进宝贝骨骼和牙齿发育、增强抵抗力，促进生长发育，及预防疾病。 ◆ 甘蓝类所含维生素和无机盐较多，还含有丰富的β-胡萝卜素、核黄素，多吃能使宝贝强身健体。
茄果类	◆ 茄果类蔬菜有茄子、西红柿、青椒、甜椒等。 ◆ 茄果类蔬菜含丰富维生素、矿物质、有机酸、碳水化合物、蛋白质等。 ◆ 西红柿所含维生素B_1、维生素B_2，可增强宝贝活力。
瓜类	◆ 瓜类蔬菜有甜瓜、南瓜、冬瓜、苦瓜、丝瓜等。 ◆ 瓜类蔬菜营养丰富，含众多维生素、矿物质、水分和无机盐，能促进宝贝肌肤柔嫩，消除浮肿，促进新陈代谢，减轻体重。
根茎类	◆ 根茎类蔬菜有白萝卜、胡萝卜、牛蒡，及嫩茎蔬菜中的竹笋、芦笋、百合等。 ◆ 胡萝卜可保护视力；芦笋中的叶酸可使宝贝心情愉快；牛蒡可促进新陈代谢，预防疾病。
菇类	◆ 菇类蔬菜有香菇、金针菇、杏鲍菇、鸿禧菇等。 ◆ 菇类蔬菜含有丰富的多糖体、维生素B族、矿物质等，可增强宝贝免疫力，帮助消化，协助皮肤及视力健康， ◆ 杏鲍菇可搭配肉类一起食用，抑制胆固醇的吸收，吸收肉类的营养；金针菇可以促进孩童的智力及体力发育。

水果类

水果种类	营养价值
苹果	含丰富的膳食纤维，能预防宝贝便秘，促进肠胃蠕动。
柳橙	含丰富维生素B族，能消除疲劳，保护神经系统的健康；含有大量维生素C、锌和叶酸，有助于孩童开胃整肠，预防感冒。
菠萝	所含菠萝酵素可促进消化，饭后吃一片菠萝有助于解除油腻，还能促进皮肤光滑，帮助组织复原。
番石榴	富含维生素C，可增加抵抗力，缓和情绪，是天然的镇定剂，能减少宝贝焦虑不安的情绪。
香蕉	含丰富的果胶，促使大便成形；所含膳食纤维能帮助排便；特有的5-羟色胺，能使宝贝感到心情愉快，降低疼痛感。
芒果	维生素A含量非常丰富，对宝贝的视力保健，及皮肤健康有较大帮助。
樱桃	含褪黑激素，易于被人体吸收，可加速伤口愈合，帮助小朋友入睡。
葡萄柚	红肉的营养成分比白肉来得高；热量低、纤维多，含丰富维生素C，有助于消化，也有抗忧郁的功用。

海鲜&肉类

海鲜&肉类	营养价值
牛肉	牛肉富含铁质，营养易被人体吸收；含大量锌元素，能强化免疫系统功能，补充体力，帮助宝贝骨骼发育及毛发生长。
鸡肉	鸡肉为白肉，属于低脂肪肉类，其肪脂酸组成多为不饱和脂肪酸，丰富的蛋白质可让孩童的肌肉强健，恢复体力，消除疲劳。
虾	富含蛋白质、维生素A、磷、钙、锌等，对宝贝生长发育有益，可加强肢体及语言发展。虾壳含有丰富的甲壳素，可减少脂肪吸收，降低三酸甘油脂与胆固醇。
鱿鱼	富含蛋白质、脂肪、维生素A、维生素D、维生素E，其脂肪中含有大量不饱和脂肪酸，其中DHA含量更是鱼类之冠，是生长发育中的孩童不可缺少的营养素。
鳕鱼	单元不饱和脂肪酸含量为鱼类之冠，其优良的蛋白质，是制造血液及肌肉的原料；钙质能制造骨骼及肌肉；维生素D能协助身体吸收钙质，强健孩童的骨骼和牙齿。
鲑鱼	属于中脂（脂肪量中等的）鱼类，其提供的必需脂肪酸DHA及EPA，能活化脑细胞，帮助孩童大脑发育。

五谷类

五谷种类	营养价值
糙米	含有均衡的维生素、矿物质和膳食纤维，比白米营养价值高。糙米的胚芽部分含丰富的维生素B族，能增强体力，帮助糖类代谢。
薏仁	薏仁含丰富矿物质铁、锌、镁，可促进肌肉健康，恢复体力，及避免味觉障碍。
燕麦	经过加工的燕麦片仍保存胚芽及麸皮，蛋白质及氨基酸营养丰富；其丰富的维生素B族，可促进孩童皮肤健康。
绿豆	含有多种矿物质，可促进孩童骨骼及牙齿的健康，改善孩童焦躁的情绪；含有维生素B₁，能维持良好的精神状态。
杏仁	杏仁的营养价值很高，其所含维生素E可保持皮肤光滑；丰富的矿物质可增强骨骼、活化大脑。
红豆	铁含量为绿豆的1.5倍，可改善贫血和便秘；钾含量也较高，有利尿消肿的作用；含大量的锌，对于儿童缺锌所造成的食欲低落，有开胃效果。
黑豆	植物性蛋白质、卵磷脂、维生素、矿物质、微量元素、糖类与多种酵素的含量很丰富，且不含胆固醇，营养价值极高。黑豆补气，滋养肾脏，能预防发炎、活血利尿、消水肿，有助发色乌黑。

豆蛋奶类

豆蛋奶类	营养价值
鸡蛋	含丰富的蛋白质，提供人体多种必需的氨基酸、DHA、卵磷脂及维生素A、维生素B族，能保护神经系统、帮助人体生长发育，对增强记忆力及提升智力，都有很好的效果。
牛奶	为完全蛋白质，容易被人体吸收，其钙质含量较高，为孩童生长发育提供所需的重要营养素。
豆腐	不含胆固醇，口感软嫩，是小朋友最喜欢的食材之一。其含有的卵磷脂对于大脑发育、神经系统发育有益处。

提高EQ及IQ的食物

种类	营养价值
含硼的食物	干果、豆类、蔬菜（如青花菜、甘蓝等）、水果（如苹果、梨子、桃、葡萄等）。
含铁的食物	深绿色蔬菜、肝、有壳的海鲜、红色瘦肉、大豆。
含锌的食物	海鲜（如牡蛎、鱼类）、豆类与火鸡腿肉。

调味类

调味品种类	营养价值
梅子醋	梅子是碱性食物，富含蛋白质、钙、磷、苹果酸等，以梅子酿造成醋，可帮助消化，维持肠胃道机能，促进新陈代谢。
蜂蜜	蜂蜜主要是由葡萄糖、果糖制成，不需经由消化即可被人体吸收利用，且含有丰富的维生素B族，是天然的碱性食品。
天然纯酿酱油	以黑豆古法酿制，不含防腐剂，含氮量高，富含多种必需氨基酸，包括一般酱油没有的麸胺酸、有机酸，以及单糖、双糖、多糖等。

本书烹调注意事项

本书所使用的食材、计量单位与换算，参考如下：

1大匙＝3小匙＝15毫升

1小匙＝5毫升

1公斤＝1000克

1两＝37.5克

1杯＝240毫升

少许＝略加即可，如胡椒粉、鸡精等。

米酒：可选择稻香料理米酒，或传统米酒。

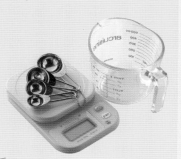

原则上0～6岁学龄前幼儿，每日的营养素应平均分配于三餐，可增加两次点心时间用以补充营养素及热量，重点是食物的质应优于量。

学龄期儿童，所需要的养分与学龄前大致相同，但须依年龄不同而增加食物分量。需要特别注意的是，应以良好的早餐来开始新的一天。吃早餐的儿童精神好、反应快，无论在课堂或运动场上的表现都比较好。早餐吃不好或吃得少的宝贝，幼儿园上课时注意力不能集中、反应慢、学习效果差。下面是0～6岁儿童的每日用餐分量和用餐须知。

 **❋ 索菲亚老师说**

0~6岁宝贝每日用餐分量

① **每日至少喝2杯牛奶。**以供给蛋白质、钙质、维生素B₂；如果有严重的乳糖不耐症或者对牛奶过敏，通过豆浆也可供给适度的蛋白质，但摄入动物性蛋白质，必需的氨基酸摄取量才足够。

② **每日吃一个蛋。**供给蛋白质、铁质、复合维生素B族，虽然胆固醇的量并不需要严格控制，超过一个蛋也不会影响健康，但却容易造成宝贝偏食，建议还是不要超过一个蛋。对于蛋过敏的宝贝，可以摄入其他的动物性蛋白质，如鱼类、猪肉、牛肉、鸡肉等，或是以豆腐作为替代性食物。

③ **每日摄取鱼肉蛋类食物不超过2两。**1～3岁幼儿每日所需肉类、鱼类、豆腐约1两（约37.5克）；4～6岁幼儿所需肉类、鱼类、豆腐约1.5两（约56.3克），以提供必需氨基酸、复合维生素B族等，供应细胞修复及生长使用。

④ **每日摄取蔬菜100克。**深绿色、深黄色、红色蔬菜的维生素A、维生素C及铁含量都比浅绿色蔬菜高，每天至少应该摄入100克。

✳ 索菲亚老师说

0~6岁宝贝用餐须知

① 咀嚼对宝贝是一种学习，刚开始可以提供较软、较细的食物，逐渐给予较硬、较粗的食物，避免宝贝从小就对食物产生不好的感觉。

② 有些口腔敏感（对于食物硬度及大小有特别敏感）的幼儿，会严重偏食，不爱吃需要咀嚼的食物，甚至很容易呕吐。这样的宝贝需要定时定量进行口腔按摩，协助减敏。

③ 在宝贝学习使用汤匙、筷子的时期，食物要切细，让宝贝容易取食处理，使宝贝进食时，可借机训练手部小肌肉做精细动作的能力，等真的吃不完时再喂食。

④ 幼儿吃饭时的环境及声音会影响宝贝的心情及吸收状况，可放轻音乐及选择干净清爽的用餐空间。

⑤ 吃饭时，大人要以愉悦的心情陪伴。斥责及厌恶的表情，会让宝贝误解，以为食物非常难吃，造成偏食或厌食的状况。

⑥ 每次用餐时，餐碗内的食物分量可先少量供应，等宝贝吃完再添加，让宝贝有成就感，继而喜欢进食。

⑦ 尽量让宝贝养成早睡早起的习惯，使宝贝有时间从容地吃早餐。良好的饮食习惯会影响宝贝的学习状况，需要做父母的多加关照。

Ⅲ. 我家也有资优儿

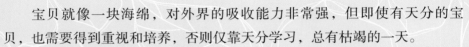

　　宝贝就像一块海绵，对外界的吸收能力非常强，但即使有天分的宝贝，也需要得到重视和培养，否则仅靠天分学习，总有枯竭的一天。

　　从行为心理学及神经医学的角度看，资优儿的培养应重视肢体的运动和智能的开发。以台湾原住民来说，他们生活的环境是充满多种刺激的，从爬树过程中与树皮、树叶的接触，到小溪里与水跟沙的接触，提供了婴幼儿发展中极其重要的触觉刺激。与城市里人工化、少量化的刺激相比，父母应该在智能及肢体的发展上提供更多刺激，这样将会激发宝贝更多的优异表现。

　　不过，**过度强调自由发展，容易造成宝贝活动上的偏爱，只选择喜欢做的，而不是选择该做的去做**：比如喜欢唱歌的，就只爱唱歌；喜欢跳舞的，就只爱跳舞，初期看起来似乎很优秀，但是长期下来反而处处遇瓶颈。

　　许多有先天优势的宝贝，长大后不一定比较优秀。如果后天进行有计划的培养，通过特殊的肢体活动，以及各种有机食物的配置，我们不仅能让宝贝在童年时期表现资优，也可以让宝贝养成长期的好习惯。至于先天不见得比同龄人表现优异的宝贝，通过本书资优课程的学习，相信都能取得长足的改善及进步。

　　研究报告显示：人类的大脑在8岁左右就已趋于成熟，为配合神经系统的发展，培育资优儿的黄金时期应在0～6岁。

　　我在上幼儿园之前，一直跟不识字的奶奶在乡下生活，到了5岁才回到爸爸妈妈的家。在那个年代并没有早期疗育的概念，即使当时的我已经明显表现出感觉统合的问题，家长却没有足够发觉或是辅导，所以我后来在学习上所面临的困境非常大。

　　后来了解到早期疗育的概念之后，我常常想：如果当年妈妈有协助我多多刺激颈部活动，或许我可以有更好的成长。当然，我并没有因此抱怨我的父母，因为他们已经竭尽所能给我最好的养育。我只是想如果有机会可以帮助当年像我一样、在发展上有特别需求的宝贝，那么我过去曾有过的遗憾，将不再发生在其他宝贝身上。

　　我一直相信，对宝贝的培养并不需要花很多的钱，像送宝贝去才艺班、潜能开发班，如果家中经济条件允许，在那样的环境中，宝贝可以有更专业的辅导，绝对是有帮助的。不过父母才是宝贝成长的关键人物，就算不送宝贝去早教机构，在日常生活中，把握好孩童智能发展需要的三要素（饮食中摄取多种营养元素＋适宜的体育运动＋良好的情绪管理），将帮助你养育出快乐又优质的下一代，让宝贝快乐且有成就感地长大。

Part 2

"操作很EASY" 的资优儿培养七步走

　　每个宝贝都是独立的个体，拥有独特的天分，但是许多宝贝总是显示出很多让父母烦恼的表现，大致可分为七大类（情绪冲动、起床生气、爱撞伤人、不够专心和多动、流口水且咬字不清、缺乏自信和社交恐惧）。建议家长仔细阅读本篇中提到的宝贝"不让人省心"的各种状况，先了解宝贝的问题出在哪里，再看看如何通过亲子活动和饮食改善宝贝的状况，然后以DIY的方式帮助家中宝贝改善相应的状况。

Ⅰ．资优培养第一步：
让宝贝懂事又冷静的EQ课

真实案例

无法控制冲动的心心

背景资料

姓名：心心
性别：女
年龄：4岁
主要问题或症状：不时尖叫、打人、咬人、爬窗和翻滚；身上经常莫名奇妙出现伤口，但由于不是严重疼痛，不知道何时受伤或怎样受伤。

心心的故事

心心听到妈妈的声音在游戏室外呼唤，立刻收起她对玩伴小莉凶狠的眼神，转面变成琼瑶小说中女主角的表情，眼眶里泛着泪水，抽抽搭搭地哭了起来，完全看不出来上一分钟还在欺负其他小朋友的得意模样……

如此戏剧化的表现，在大人眼里真的是又惊又气又好笑。不过，这已经是心心的父母和我努力好一阵子的成果了！她以前通常是直接动手打或用口咬旁边的小朋友，才不会这样装模作样呢！

现在的心心已经进步很多了，言行举止都节制且规矩许多，甚至可以静下来半个小时，耐心地看完一本故事书，高兴时学着书上的内容自己表演起来。更重要的是，这些行为都是她发自内心的行为，而不是为了欺骗父母而演戏。

跟一般的小朋友比起来，心心看起来十分聪明伶俐，只是她无法控制自己的行为，导致伤人或自伤的状况反复出现。还记得她刚刚加入我的资优培训营时，简直就是一个娃娃版的女暴君，接近她的小朋友没有一个不是带伤离开的。

心心喜欢咬人（在家访时还见过她咬过狗），在她的思维里觉得咬人就是一种对人示好的方式。别看她个子小小的，但是出手非常迅捷，跟她差两岁以内的小朋友，没有一个是她的对手。

心心还是一个非常好动的小孩，喜欢在地上翻滚，只要有一小块空地，她就会开始翻跟头。由于不会控制自己的身体和行动，心心身子瘦小撞不过人，就用善意的微笑假装亲切，在对方完全不设防的时候，突然扑到别的小朋友身上猛咬，咬得对方大哭。

心心的爸妈打过也骂过她，可是似乎一点效果也没有。和一般宝贝相比，她的表情看不出是生气还是快乐，以至于谁都无法判断她的下一步行动。到最后，小朋友自然而然地远离她，有些小朋友甚至一看到她，马上就大哭起来。

久而久之，就变成一种恶性循环，小区里的爸爸妈妈，只要看到自家宝贝哭了，就会反射性地责怪在一旁的心心。心心有时候也会被人欺负，但由于她似乎对于疼痛特别能忍，看着像没事一样，反而被误会为行凶者。

"她就是个小恶魔"

有一次，有个小朋友拽着心心的头发，把她压在地上，心心的妈妈过来刚要制止，那个欺负人的宝贝，在爸妈出现时突然大哭起来，装出一副被欺负的样子，说是心心打他，于是他的妈妈气得当着心心妈妈的面，把心心推倒在地上，痛斥她是个"小恶魔"，专门欺负其他小朋友。

还有一次，心心的妈妈出门办事情，请隔壁的王奶奶帮忙照顾一下心心。没想到回来时，心心竟像条狗一样被锁链锁了起来，哭到声嘶力竭。王奶奶跟心心的妈妈说，教养孩子要用重刑才能有效果，孩子才会听话，她还反复强调自己这样做多么聪明，没有让心心伤到其他孩子。心心的妈妈忍着一肚子气将心心带回家，回家后检查女儿被绑的手臂，两条瘀青的痕迹一个星期后才消退。

身边的大人和小孩屡次的排斥和排挤，让心心的妈妈很难过。每次说到心心的委屈，她都忍不住泪如雨下。心心的妈妈当然知道心心的行为不好，但是却不知该如何改变心心的行为。

许多家长还用异样的眼光看待心心的爸妈，说孩子的行为多半都是从父母这边学来的，想必心心的父母很难和谐相处，家庭生活充满暴戾，在充满家暴的环境中，心心自然就变成了"小恶魔"。

对于这样的指责，心心的妈妈真的是有口难言。心心及整个家庭，都羞辱地被别人贴上了标签！心心的妈妈甚至不敢带心心出门，自己也能不出门就不出门！

"教育专家"束手无策

一直以来，心心的父母想尽办法试图改善这一情形。每次碰到所谓的"教育专家"，心心的妈妈就会心存一丝希望，盼望能够找到协助宝贝恢复正常、顺利成长的妙招，可是结果总是一再失望。

这些教育专家，一开始都信誓旦旦地说，没有解决不了的问题，但是在教了心心不久后，全都改弦易辙，不是用漠视的态度，就是使用重刑，导致心心拒绝上课，也让心心的妈妈心疼不已。

心心的妈妈并没有因此而放弃，因为她相信自己的女儿是可以改变的。于是，心心出现在了我的课堂上。

像心心这样的宝贝，在一个小区中总是会出现一两个。根据儿科专家的研究和统计，5%的孩童会出现这种"无法控制冲动行为"的问题（男生与女生的比例是6：1），但这种类型的宝贝又不是自闭症的宝贝，是界于正常与异常之间的类型，一般的父母根本不知道该怎么办才好。

当我将这样的结果告诉心心父母的时候，他们也是第一次知道，原来宝贝女儿是比例不到1%的"特殊个案"。

我同时告诉心心的父母，像心心这样的宝贝，不存在智能上的问题，也没有肢体上的障碍，特教单位不会接收。

心心的情况并非唯一的个案，只要按部就班地正确引导，其行为一定能够改善，甚至可以完全纠正过来。心心这样的小孩在整个辅导的过程中，完全可以激活自身的天分，发展属于自己的特长。听到这儿，心心的父母才放下心来。

在感觉统合里，我们称心心这种宝贝为"本体感觉迟钝"，也就是对自己身体的疼痛、舒服等感受不够灵敏的小朋友。本体感觉迟钝主要是因为这些孩子的感觉神经接收器天生不够敏锐所致。

像心心的情况，就算她是撞伤淤青，对于疼痛的感觉依然不明显。由于她自己不觉得痛，因此也会同理化别人的感觉，认为别人跟她一样也不会痛，才会在和其他小朋友相处、玩耍的过程中不注意控制自己的行为，造成别的小朋友不舒服，进而讨厌和她在一起，也让其他小朋友的家长产生误解。

对心心该怎么办呢

进行本章所提到的亲子游戏，持续食用下文所提供的针对性饮食，从身体的感触活动上帮心心改善感觉迟钝的问题。再加上饮食中摄取各种营养素，补充生长时所需养分，就能达到相辅相成的效果，帮助心心逐渐变

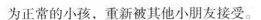

为正常的小孩，重新被其他小朋友接受。

　　经过我对心心父母的劝说，他们虽然不敢相信用不复杂的方法就能帮助心心，但是愿意尽力试试看。他们不单仔细用心地阅读我所指定的相关书籍，上亲子课也从来不缺席。在接下来的一年里，他们认真执行每一次家庭作业，将布置的亲子游戏一项一项认真做；建议的饮食菜谱，就算再复杂，也一样一样烹煮给心心吃。到现在，心心的父母已成为课程中可以协助和指导他人的家长了。

　　再看心心，现在的她在父母的帮助下，已经可以准确地运用语言表达自己的情绪；更可以在出手时，有所控制不伤到别的小朋友；不但减少了闯祸的次数，经由饮食的调整，身体也比以前强壮，改掉了偏食的习惯。尽管心心还有持续进步的空间，但她已不再是之前那个人见人厌的"小恶魔"了。

成为资优父母，养育资优宝贝

从心心的例子可以看到，父母在宝贝成长中担负的责任有多大！试想，如果心心生长在不关心小孩的家庭里，可能获得合理的对待，变成现在快乐的心心吗？答案是否定的，其结果只可能让社会增加一个负担，甚至衍生出更多不可知的负面问题。

所以，我想要说的是："先有资优父母，才有资优儿。"

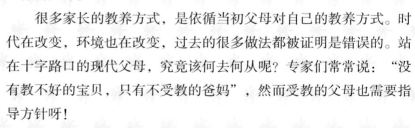

"充满爱＋育儿技巧＋掌握知识"的资优父母

宝贝会发展成什么样子，都是父母塑造的结果。所谓"资优父母"，就是愿意探索宝贝生命中的可能性，陪伴宝贝一路同行的父母。这样的父母绝对是集合了"爱""育儿技巧""育儿知识"于一体的父母。

很多家长的教养方式，是依循当初父母对自己的教养方式。时代在改变，环境也在改变，过去的很多做法都被证明是错误的。站在十字路口的现代父母，究竟该何去何从呢？专家们常常说："没有教不好的宝贝，只有不受教的爸妈"，然而受教的父母也需要指导方针呀！

其实，我们都能做得到！如果你渴望拥有一个资优儿，请先努力使自己成为资优父母。以心心来说，她的父母经由一年来的资优课程与分享，以及通过针对性的游戏治疗，让本体知觉不够敏感的心心得到满足与调整，再加上均衡的饮食，使心心的专注力得到增加，整个家庭也出现和乐融融的景象，更间接地改善了与邻里的关系。

这样的事实，使心心的父母彻底了解到：**宝贝的成长是要家长付出爱心与耐心的。**这样亲身体会得来的结果，也让许多认识或不认识心心父母的朋友纷纷打来电话，向他们请教培育资优宝贝的秘诀。

现在，当心心的父母在外面看到尖叫不止的宝贝，或者横冲直撞的小霸王，他们恐怕会不自觉地走上前，告诉小朋友的父母一种轻松处理的方式——只要把宝贝轻轻抱起，倒立10秒钟，很多宝贝就会奇迹般地安静下来！

很多人对这个方法感到惊讶和不可思议。其实这个动作只是藉由血液倒流回脑部，让宝贝的感觉神经系统得到放松，自然宝贝就不会再尖叫。

资优父母与一般父母不同的地方，在于他们能够经由学习和体会，使用有效的且宝贝能够接受的方式对待宝贝，而不再以打骂的方式，搞得宝贝鸡飞狗跳。

最后，再和大家分享一个例子，仅供大家思考。

索菲亚
老师的悄悄话

有个朋友告诉我，有一回她精疲力竭地教完4岁的儿子背下10个英文单词。白天的工作加上晚上的家庭琐事，让她已经到了快要崩溃的边缘。就在这时，她的儿子突然拿出一本绘本，要妈妈念给他听，书名叫：《你很特别！》

当我的朋友为宝贝念完这本书之后，她突然觉得自己对宝贝很愧疚。长久以来她都是采取责骂的方式，要求宝贝进步，早就忽略了宝贝心中更深层的需要是父母的肯定及温暖。

于是她抱住儿子说："你很特别！你是妈咪的好宝贝！"

没想到她儿子转过头来，也很认真地跟她说："妈咪，你很特别！你是好妈咪！"

当朋友跟我分享这一故事时，她的眼眶有点泛红，而我知道她已经摸到资优培养的门槛了——发现宝贝的特别之处，做一个资优的父母。

揉揉快乐大面团

　　本单元的玩乐处方签"揉揉快乐大面团"，是为心心这样的宝贝量身定做的亲子活动。这一亲子活动，对于一般的小朋友来说，也同样有很好的效果。除了能够促进亲子感情，还能帮助小朋友发展他们的本体知觉，在不知不觉中强化调控自己身体的各部位。

开始玩游戏喽

① 将宝贝的头、手及脚尽可能用棉被、枕头、毛巾等包起来，做成防护套。

▶▶宝贝年龄：2岁以上

▶▶人数：2～5人的亲子游戏

▶▶时间：每次进行5～10分钟，可以休息一下进行3回合

▶▶道具：☺棉被2件
　　　　　☻枕头1个
　　　　　☼毛巾2条
　　　　　♀抱枕2个
　　　　　♂软质娃娃愈多愈好

▶▶地点：弹簧床或者垫子上

▶▶音乐：轻快的音乐，如轻摇滚，或者是舞曲。

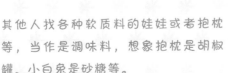

谁来当主角

② 其他人找各种软质料的娃娃或者抱枕等，当作是调味料，想象抱枕是胡椒罐、小白兔是砂糖等。

③ 放一段轻快的背景音乐，开始进行游戏。

　　每次由不同的宝贝来当主角喔！躁动或者注意力不集中，容易冲动的宝贝，可以多做几次主角面团，家长也可以作为主角，让宝贝搓揉"面团"，体验游戏的快乐。

④ 由家长示范搓面团的方式，从头到脚每个部位先来回滚动，再局部搓揉，就像是做馒头一样。一边玩一边用辅助道具在宝贝身上敲敲打打，当做是加佐料，时间到了就换人当主角，进行三回合后休息。

MEMO备忘小贴士

注意力不集中或是躁动的宝贝，许多时候是因为他们的本体觉失衡造成的。宝贝如果常常无法控制地与他人发生肢体冲突，可以将其整个身体用大棉被紧紧包起来，头部戴上帽子做防护套，再进行这项游戏，加强深层本体觉。

变化花样的游戏方法

● 可选购各式不同材质的触觉球，做为加佐料的工具，给予宝贝不同的触觉刺激。

● 以大颗的塑料球作为工具，稍加用力按压在宝贝身上，让宝贝感受深层的本体觉。

● 加入棒子作为擀面杖，在全身上下做擀面的动作，增加活动的趣味性，也让宝贝尽情体会深浅不同的本体觉。

让宝贝平静下来的美食

　　每个宝贝都有不同的特质，就算在正常的家庭中，依然会有状况特殊的宝贝。这些宝贝并非天生就是坏胚子，也不是父母的遗传基因不好。经过专业的资优检查，你会发现这些宝贝只是发育不平衡而已。

　　不平衡并不是病，千万不要随便给宝贝贴上有病的标签，让宝贝从小就在他人异样的眼光下成长。**对于发育不均衡的宝贝，父母不必觉得丢脸，只要经过合理的营养补充，给宝贝补充缺失的营养元素，你就能看到宝贝的成长及改变。**

　　神经细胞分布在脑、脊髓及全身，感觉细胞在肢体的末梢及皮肤上都有。本体知觉迟钝的宝贝，就是在末梢及皮肤上的感觉细胞数量不足的宝贝。感觉接受器不够的宝贝，受到刺激之后无法反应所接收到的刺激，会有各种知觉"钝化"的状况。这样的宝贝，无论对于别人身上的痛觉，或是自己身上的痛觉，都没有办法正确反应。由于疼痛感无法正确反应，与其他宝贝冲突的时候，就无法控制力道，让其他宝贝或家长觉得这个宝贝很暴力、爱打人。

　　对于这样的宝贝，需要提供有助于增加感觉细胞数量的营养素。感觉细胞的主要成分是必需氨基酸，来源为鲜奶、瘦肉、蛋类。建议多给予此类孩童鲜奶、蛋、鸡肉、里脊肉、牛肉、鱼肉等。除此之外，正确传递讯息需要补充钾、钙、维生素A、维生素C等营养素，像枸杞、红枣、高丽菜、豆芽等，建议宝贝多加食用。

本单元所提供的餐点，最适合心心这样的宝贝，可增加感觉细胞数量，增加细胞间化学传导物，促进本体感觉迟钝的孩童变得敏锐，适应真实环境中的变化。

重要营养素	有益刺激本体觉的食物
蛋白质	牛奶、瘦肉、蛋类、豆腐、奶酪、坚果类。
维生素A	动物内脏、奶油、蛋黄、牛奶、甜椒、青椒、南瓜、紫甘蓝、胡萝卜、地瓜、苋菜、西红柿。
维生素C	柚子、橘子、柳橙、柠檬、樱桃、番石榴、草莓、西红柿、甜椒、花椰菜、甘蓝、高丽菜、菠菜。
钾	肉类、豆类、马铃薯、芋头、菇类、紫菜、海带、菠菜、核桃、莲子、香蕉、牛奶。
钙	鳕鱼、可连骨头一起吃的鱼类、紫菜、海带、小鱼干、吻仔鱼、青花菜、酸奶、牛奶、奶酪、芝麻、豆腐。

甜椒牛柳

营养分析表

热量	蛋白质	脂肪	碳水化合物
188.5千卡	7克	12.5克	12克

适合年龄：3岁以上

食材【2人份】

牛柳……80克　　　　　　红甜椒……1/3个　　　　　　西红柿……1/3个

洋葱……1/3颗　　　　　　生菜……1/3个

调味料

A料：太白粉……1/3小匙

　　　酱油……1小匙

　　　西红柿酱……1小匙

　　　蜂蜜……1小匙

　　　温开水……适量

B料：葡萄籽油……1/2小匙

做法

1. 烤箱预热至200℃；西红柿去皮，放入果汁机中打碎后倒出；加入调味A料拌匀，即为腌料。

2. 牛柳洗净，放入腌料中静置约10分钟至入味；生菜剥开洗净，一片片摆盘备用。

3. 洋葱去皮洗净，红甜椒洗净、去籽，切丝备用。

4. 葡萄籽油倒入锅中烧热，放入"做法3"的食材，炒至半熟，盛出备用。

5. 将腌好的牛柳平铺在烤盘上，牛柳上再铺上"做法4"已拌炒好的蔬菜，放入烤箱以200℃烤约15分钟，取出烤盘，把甜椒牛柳放在生菜上即可。

注意事项

❤ 本食谱分量适合3~6岁孩童食用，6岁以上孩童视食量增加分量。

对本体感觉的帮助

肢体方面

❤ 让宝贝参与搅拌腌料以及摆置烤盘，体会动手做的乐趣。

营养方面

❤ 本体感觉迟钝的宝贝，由于精力充沛，常常消耗热量大，铁质等微量元素容易流失。铁质是宝贝智能发展及造血时所需的重要元素，需要多多补充。

❤ 牛肉所含的铁质，比蔬菜中的铁质更容易为人体吸收，同时补充优质蛋白质，可以供应孩童神经细胞再生所需，有强化感觉统合的效果。

菠萝香菇鸡丁

营养分析表

热量	蛋白质	脂肪	碳水化合物
139千卡	7克	7克	12克

适合年龄：2岁以上

食材【2人份】

新鲜香菇……3朵

鸡胸肉……35克

红椒丁……10克

新鲜菠萝……20克

大蒜……1瓣

调味料

A料：酱油……1小匙

太白粉……1小匙

温开水……1大匙

寡糖……1小匙

B料：葡萄籽油……1小匙

做法

1. 鲜香菇洗净、去蒂、切丁；鸡胸肉洗净、切丁；菠萝切丁备用。

2. 大蒜去皮洗净，拍碎，放入小碗中，加入A料，搅拌均匀即为腌料，备用。

3. 鸡丁放入腌料中一起搅拌均匀，放置10分钟至入味，备用。

4. 葡萄籽油倒入锅中烧热，放入香菇爆香拌炒，再放入红椒丁及鸡丁炒熟，最后加入菠萝，拌炒均匀，即可盛出上桌。

注意事项

♥ 本食谱分量适合3~6岁孩童食用，6岁以上孩童视食量增加分量。2岁的孩童分量可减少1/2或1/3。鸡肉先剁成泥状再料理。

对本体感觉的帮助

营养方面

♥ 本体感觉迟钝的宝贝，往往因为受伤或者生病时感觉较不痛苦，以至于忽略了健康的警讯。在这道菜中，由于香菇所含多糖体有抗氧化的效果，可提高免疫力，加强对疾病的抵抗力。

♥ 鸡肉可提供必需氨基酸，强化脑神经细胞生长，增加神经传导的效能，改善感觉不敏锐的问题。

高丽菜饭组

营养分析表

热量	蛋白质	脂肪	碳水化合物
246千卡	9克	10克	30克

适合年龄：2岁以上

食材【2人份】

高丽菜……1/3个

猪肉馅……70克

新鲜香菇……1朵

韭菜……15克

虾仁……6克（约2只）

大米……80克

调味料

盐……1/2小匙

橄榄油……1/2小匙

苦茶油……1/2小匙

做法

1. 高丽菜去梗，取叶片部分，洗净、切碎；香菇及韭菜洗净，虾仁洗净去肠泥，切丁备用。

2. 白米洗净，最后一次的洗米水留下，和米粒分开备用。

3. 锅内放入苦茶油烧热，将肉馅、香菇、韭菜、虾仁丁放入锅中炒熟，加入盐炒匀。

4. 加入米粒拌炒至米粒开始变色，再加入高丽菜，拌炒至高丽菜均匀分布在米粒中，起锅，盛至电饭锅内锅中。

5. 将"做法4"的食材放入电饭锅，内锅加入2/3杯洗米水，外锅加1杯水，按下开关，煮至开关跳起。

6. 高丽菜饭淋上橄榄油拌匀，即可盛盘食用。

注意事项

❤ 本食谱分量适合4～6岁孩童食用，6岁以上孩童则视食量增加分量。2～3岁孩童分量可减少1/2或1/3。蒸饭时锅内多加1杯水，延长蒸煮时间让蒸出的饭较软。

对本体感觉的帮助

营养方面

❤ 高丽菜富含丰富维生素C与人体必需的微量元素，有助本体感觉迟钝的宝贝神经系统发育，有效增强感觉敏锐度。

❤ 苦茶油遇热会散发香气，特别适合用来拌炒食材，且抗氧化能力强，是很好的炒菜用油。

蔬果蛋卷

营养分析表

热量	蛋白质	脂肪	碳水化合物
178千卡	7克	10克	15克

适合年龄：3岁以上

食材【2人份】

苜蓿芽……20克

豆芽……10克

小黄瓜……10克

大西红柿……1片

苹果……120克

蛋……100克（约3个）

面粉……20克（约3大匙）

调味料

盐……2小匙

苦茶油……2小匙

做 法

1. 苜蓿芽和豆芽分别洗净；苹果切片；小黄瓜切丝备用。

2. 蛋打入碗中搅散，加入面粉，再加1小匙清水及盐搅拌均匀，做成面糊备用。

3. 锅中放入苦茶油烧热，倒入"做法2"的面糊，煎约1分钟翻面。在面皮中间摆上苜蓿芽及豆芽、小黄瓜、苹果片、大西红柿，从两边卷起蛋皮成蛋卷状，再加入1小匙清水，盖上锅盖，焖约1分钟后，盛起装盘。

注 意 事 项

♡ 本食谱分量适合3~6岁孩童食用，6岁以上孩童则视食量增加分量。

对 本 体 感 觉 的 帮 助

营养方面

♡ 鸡蛋富含DHA卵磷脂以及维生素A、维生素B族，对于脑细胞的发育有极大帮助，对于本体觉的敏锐度有增强效果。

♡ 豆芽本身富含多种维生素，都是脑细胞发育必备的营养素，且口感清脆。本体感觉迟钝的宝贝，多吃一些可咀嚼的食物，能增强深层本体刺激。

♡ 大西红柿粗纤维量大且吃起来柔软不韧，能增加宝贝的口腔刺激，不会让宝贝觉得吃东西好辛苦，而懒得动口。

红豆红枣西米露

营养分析表

热量	蛋白质	脂肪	碳水化合物
136千卡	4克	0克	30克

适合年龄：2岁以上

食材【2人份】

西谷米……20克

红豆……40克

枸杞……10克（约1大匙）

红枣……20克（约4粒）

调味料

寡糖……2小匙

做 法

1. 红豆洗净，泡水3小时以上；红枣去籽，洗净备用。

2. 将泡好的红豆捞出，和枸杞、红枣一起放入深锅中，倒入3碗清水，用大火煮滚，转小火煮20分钟至红豆变软。

3. "做法2"的食材中加入西谷米，以中火煮至呈透明状，续加寡糖拌均匀，即可盛出食用。

注 意 事 项

♥ 本食谱分量适合3~6岁的孩童食用，6岁以上孩童则视食量增加分量。2岁的孩童分量可减少。食用时可把汤里的红枣挑出来，避免宝贝噎到。

对 本 体 感 觉 的 帮 助

营养方面

♥ 本体感觉迟钝的宝贝，需要补充各种维生素，以弥补大量活动中所损耗的营养素。本道菜所含的枸杞，除了富含β－胡萝卜素外，还含有维生素A、维生素C，除对于视力有帮助外，还可以强化各器官的发育，对神经细胞发育很有帮助。

♥ 本体感觉迟钝的宝贝活动过量却不自觉，家长们可以让宝贝多吃红枣，达到强身补气的功能，为避免上火，请先去籽再食用。

枸杞雪梨炖鲜奶

营养分析表

热量	蛋白质	脂肪	碳水化合物
144千卡	4克	4克	23克

适合年龄：2岁以上

食材【1人份】

雪梨……1颗（约300克）

枸杞……少许

全脂鲜奶……120毫升

调味料

冰糖……1/2小匙

做法

1. 枸杞洗净备用。

2. 冰糖加入鲜奶中，隔水加热，搅拌到冰糖溶化为止，置于杯中备用。

3. 雪梨洗净，削去顶部做为盖子，将果肉及籽挖出，即为雪梨盅，备用。

4. 将雪梨盅放在碗里，倒入先前预备好的鲜奶，放入果肉及枸杞，将雪梨顶部盖上。

5. "做法4"放入电饭锅，外锅加1杯水，炖煮至开关自动跳起即可。

注意事项

♥ 本食谱用量适合3~6岁孩童，6岁以上孩童则视食量增加分量。2岁的孩童可酌量给予1/3到1/2的量。可以再多蒸10分钟，让食物更软些。

对本体感觉的帮助

肢体方面

♥ 可给宝贝金属汤匙，让他将雪梨的芯挖出来。操作汤匙是精细动作的训练，可加强脑、眼、手协调能力。

♥ 准备一支珍珠奶茶用的大吸管，让宝贝先吸再食，增加食用乐趣，也可以训练宝贝的颜面肌肉，但要注意别让宝贝噎着了。

营养方面

♥ 雪梨对于宝贝的抵抗力有极大帮助。鲜奶含有优质蛋白质，可以增加脑细胞的生长，对于本体感觉迟钝的宝贝，这道甜点可使智力或者本体觉的敏感度大大增加。

♥ 冰糖炖雪梨有润肺、润嗓的双重效果，针对爱尖叫的宝贝，也可以这道甜点作为营养补充品。

黑胡椒海鲜贝壳面

营养分析表

热量	蛋白质	脂肪	碳水化合物
299千卡	11克	15克	30克

适合年龄：3岁以上

食材【1人份】

贝壳通心面……60克

虾仁……20克（约6只）

文蛤……30克（约4个）

乌贼片……30克

鱼板……10克（约2片）

洋葱丁……20克（约2大匙）

胡萝卜丁……6克（约1小匙）

调味料

奶油……10克（约2小块）

黑胡椒酱……2小匙

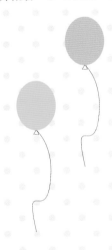

做法

1. 小锅中倒入半锅水，加入贝壳面煮15分钟至熟，捞出备用。

2. 炒锅中放入奶油烧至溶化，加入洋葱及胡萝卜炒熟，放入其余食材炒熟，加入黑胡椒、蔬菜酱炒匀，即可盛盘上桌。

注意事项

💗 本食谱分量适合3~6岁孩童食用，6岁以上孩童则视食量增加分量。

对本体感觉的帮助

营养方面

💗 本道菜以海鲜为主，补充本体感觉迟钝的宝贝成长所需的锰及钙。锰及钙这类微量元素，在感觉传导的正确性上可发挥作用。

Ⅱ. 资优培养第二步：
宝贝获得安全感的情绪课

清晨时总像火山爆发的佳佳

背景资料

姓名：佳佳

性别：女

年龄：6岁

主要问题或症状：从小班开始就常常迟到，怎么叫也不起床，起床后就大发脾气（起床气），不肯穿衣、吃早餐，以至于上幼儿园迟到。但到了幼儿园却非常开心，学习情况良好，与同学相处也没有任何问题，只是午睡起来后偶尔情绪低落，但不像在家里一样火爆。

✳ 佳佳的故事

　　佳佳的外表看起来清秀可爱，大班的她已经学会很多的汉字。画画，更是她最拿手和开心的内容。佳佳的妈妈和我是大学好友，在彼此结婚后就很少见面，一转眼，佳佳已经6岁了……

天使还是魔鬼

　　和佳佳母女俩碰面后，我听说佳佳喜欢画画，就拿出抽屉里的彩色笔和图画纸交给佳佳。佳佳在一旁专注地画画，一点都不理会我们的对话，但此时佳佳的妈妈突然掉下眼泪。

　　"这孩子不知道是不是着了魔，每天早晨起床就像是火山爆发一样，脾气坏得吓人！不但不肯起床，还会摔东西！真不知道她上小学后要怎么调适……"

　　"听起来，佳佳在起床的时候有特别的状况喔？"

　　"是呀！我带她做了躁郁症、多动症，甚至自闭症的检查，但医师都说没事，还说佳佳很聪明，也没有社交上的困扰。这让我松了一口气，但心里又很自责：是不是我做得不好让佳佳不高兴呢？以至于她每天早上都这样生气……"

"你怎么会有这种自责的情绪呢？"

佳佳的妈妈听到这里，红着眼睛说："唉！每天早上叫她起床简直就是场灾难！孩子尖叫，打人，哭泣着赖在床上不起来，就算自己醒来，还是一样发脾气。每次总得折腾半个小时。有一次她还因为摔碎了玻璃杯，把手割伤。自那之后，我们就把所有易碎的东西全部从她的房间拿走。"

听到这里，我内心不禁恻然。据我了解，佳佳的妈妈是很会照顾人的，以前在大学时，和她住在同一宿舍，她除了把自己的东西整理得很整齐，还包办宿舍内全部的清扫工作。有时候我因为社团活动多，书桌和床都堆满杂物，她都还会主动帮我整理东西、擦桌子，让我很不好意思。不过她却说："反正都做了，就一起收啰。"——可见她的性格有多好！

起床后和饿肚子时特别爱发脾气

根据多年相处的经验，我判断上述情况并不是由于佳佳妈妈懒惰，或者疏忽造成的。看着佳佳，我突然想到自己以前在减肥中心工作时碰到的个案，心中大概有了底。为了确认，我便继续细问。

"佳佳除了早上起床，还有什么时间会这样暴怒？"

"几乎没有，睡午觉起来也还好，幼儿园老师都觉得佳佳很乖，他们都以为是我和佳佳爸爸的生活作息不好，让佳佳睡得太晚，才会每天迟到。我跟幼儿园老师请教佳佳这方面的问题，他们却还以为我是在找借口。有时候佳佳生气过头，摔东西伤到自己，或者我们在制止时，一下抓得太紧，手臂上有了印子，老师以为是我们家暴。让人真的很困扰啊！"

"听起来，佳佳只在早上起床的时候才有这样的问题。在其他时间还有没有特别暴躁不安呢？"

"也有过。有一次，好像是上个月，我们带佳佳出去玩。那天塞车塞得很严重，我和佳佳都在车上睡着了，剩下佳佳她爸爸一个人开车。回到家的时候，已经晚上8点了，我们都很饿，就买了便当回家。我把佳佳叫醒，想让她吃些东西再睡。没想到，佳佳却大哭大吼像是发疯一样，凡是接近她的东西都狂咬一顿，我和她爸爸都被咬伤了……"

佳佳的妈妈拉开袖子，呈现一排黑青和结痂的疤痕。这时候，我几乎确定问题所在了，继续问她——

"你们过年回南部的娘家，这期间有没有发生过类似的事情？"

"有呀，往年南二高还没有通车的时候，只要塞车久一点，把她叫起来就是这样的情形，我的爸妈说佳佳怕是撞邪了，每次都去拿符水给她喝，可是每年的状况都一样，搞得我都不知道该如何是好……后来南二高通车才没有出现类似情形。这两年除了早上就没有什么状况，直到上个月又发生了一次。"

我完全可以确定佳佳是**"心理缺乏安全感且糖分摄取敏感的宝贝"**。**简单地说，就是血糖不稳定，导致起床后情绪不稳定，一般俗称为"起床气"**（大人其实也很常见）。

索菲亚老师说

不管是小朋友还是大人，起床气的情况是很普遍的。但对小朋友而言，很多状况无法也不懂得向父母和长辈求援。而家长如果没有特别细心查询相关知识，也不会知道实际问题就是血糖不稳定而已，只会认为是小朋友性格不好，或是家庭环境有问题。

除了血糖不稳和没有睡饱等生理问题外，这样的小朋友通常是缺乏安全感的。以佳佳来说，当我再深入询问她妈妈后才知道，其实佳佳的妈妈和爸爸有晚睡的习惯，且常常都无法正常作息，因此就算是逼宝贝睡着，一些没有安全感的宝贝还是无法真正睡好。

像佳佳本身对于食物中糖分的摄取就特别敏感，血糖正常时，心情很好，可是一旦较长时间没有进食，血糖降得太低，敏感的体质会让她特别不舒服（说不出来的不舒服），因此就把气出在照顾者的身上。当然，这也和家庭里孩子较少，大人比较宠有关系。

可以尝试给宝贝用血糖计测一下起床后的血糖值，如果多次测量后血糖偏低，只要摄取"低GI值食物"，并配合下文提到的资优餐给宝贝食用，控制血糖浓度，很快就能改善起床气的状况。

低GI值食物可稳定血糖

GI值，是指进食后血糖升高相对于摄入葡萄糖的比例。以葡萄糖为例，葡萄糖是最容易使血糖快速升高的成分，GI值为100。GI值愈高，血糖上升的能力就愈强，对维持血糖稳定愈不利，因此需要让宝贝摄取低GI值食物才行。父母在给宝贝摄取食物时要注意，以免不知不觉中让宝贝血糖稳定度降低。

胚芽米、糙米等相对白米的GI值较低，可以给宝贝多吃。蔬果有助于平衡血糖，足够量的膳食纤维可以帮助血糖平稳。

宝贝与大人都一样，如果强制要求不准吃甜食，或者被淀粉类的食物限制，会有强烈的被剥夺感。糖分提高之后，确实会让大脑中快乐血清的含量增加，产生愉悦感。有些人，压力大心情不好时，往往无法控制地想吃甜食，吃完甜食之后，的确会产生比较快乐的效果，这样的效果对于妇女和孩童会比较显著。

在食物的筛选上，棒棒糖或者棉花糖这一类单糖的零食，尽量不要提供，以避免宝贝血糖忽高忽低，造成情绪不稳定。

像佳佳这样的宝贝，对于甜食有较大的渴求，建议采用寡糖调配出来的甜食，提供可以咀嚼的水果，尽量减少提供果汁，这样就能有效改善起床气的情形。

早睡早起，培养好脾气宝贝

敬告各位家长，宝贝的生活习惯其实与父母有很大的关系，除了培养宝贝的好习惯以外，家长也要自律，否则无形中就很容易影响到宝贝。

父母的生活作息，影响宝贝的心情

佳佳的妈妈是全职照顾佳佳，可是她爸爸却是夜猫子，晚上有时会玩网络游戏到半夜一两点。佳佳的妈妈在照顾佳佳之余，只有晚上的时间才会有空跟先生相处，所以就先陪佳佳，等佳佳睡着后，再一直陪先生到半夜。看起来，这样对于佳佳应该没什么影响，可是佳佳却会因为半夜醒来没见到陪伴者而受到惊吓，导致睡眠质量变差。

另外一个原因，就是孩子缺乏父母的关爱，往往会借由发脾气，引起爸爸妈妈的注意。佳佳发现在发脾气时，爸爸妈妈对自己的一举一动都很在意，一分钟都离不开自己，所以认为这是唯一的方法，能让父母注意自己。

许多父母都跟我说，花很多的时间及精力去陪宝贝，但是如果不注意细节，往往适得其反。特别是睡眠这种生活习惯。如果父母就有晚睡的习惯，宝贝的情绪连带地也较难控制。如果家长情绪较平稳，相对的宝贝也不容易焦虑。

爱发脾气的宝贝，在社交上有大问题

就佳佳的例子来看，虽然她在幼儿园的时间表现正常，但是在家里却常有让大人们觉得十分不解的行为，虽说关起门来就没有人知道这些事，但是在将来，难保相同的事情不会在小学里出现。

佳佳虽然在幼儿园里并不显露出脾气暴躁，但是相对的自我压抑太多，会有自信及表达上的困难。父母会慢慢发现，这一类孩子跟同学相处会比较疏离，也因为起床时候的坏脾气，家长不自觉显露出厌烦表情，增加了孩子对于起床的焦虑；再加上生理上的不适，加重情绪失控，才造成前面提到的状况。

因此，父母要特别注意宝贝血糖的变化。晚睡会造成胰岛素上升速度较快，血糖的稳定度相对变差，对大人的健康也不好。

父母如果想帮助这样的宝贝，不单是要求宝贝养成好习惯，甚至要克制自己的玩心及追求某些成就的欲望。在宝贝需要睡眠的时间，陪宝贝睡觉；在宝贝需要互动的时间，陪宝贝活动。

针对这一点，我和佳佳的妈妈说明清楚后，她才恍然大悟，当下决定回去后和老公一起改变晚睡的坏习惯，也愧疚地亲了亲佳佳。事后证明这些改变，让佳佳的起床气快速改善，更使得她和全家人的健康状况同时提升不少。下次再见时，佳佳不只气色更好了，也更有礼貌了，会主动亲近人了。

远离让人愈吃愈生气的垃圾食物

远离那些常见的垃圾食物，像薯条、洋芋片，或是颜色鲜艳、对宝贝有吸引力的糖果，它们都属于高油或高糖的食物。增加体重只是我们看得到的现象，更大的问题是这些垃圾食物会造成营养不均衡，甚至造成智力发育上的问题。长期食用高油、高糖食物的宝贝，发生学习障碍的相对危险是饮食健康宝贝的3~4倍，甚至影响钙质的吸收，对于宝贝身体发育也会有

影响。

　　同时，垃圾食物使血液中维生素及矿物质浓度降低，进而影响大脑功能，造成神经传导的混乱，酿成情绪问题，甚至出现暴力行为。

　　所以，为了全家人的健康，还是应当早睡早起，同时垃圾食物能免则免，每天摄取适量的蔬果，选择GI值相对较低的食物。

快乐处方签 ✦

玩耍也能学聪明

利用角色扮演的方法，让宝贝对大人有同理心，认识到控制脾气的重要，同时正向积极建立自我，对于像佳佳这样有严重起床气的宝贝，或是平时就比较容易发脾气的宝贝，都有良好的效果。当然一般的宝贝，更能通过这样的游戏，学习语言，提高内在的品格。

开始玩游戏喽

▶▶宝贝年龄：4岁以上

▶▶人　数：2～5人的亲子游戏

▶▶时　间：每次20分钟

▶▶道　具：☺图画书：附有CD的亲子主题图画书。

　　　　　☻洋装、耳环、项链等书中人物用到的物品。

　　　　　☼角色卡：写有妈妈、女儿、爸爸、弟弟等书中人物角色的字卡。

▶▶地　点：家中任何地方皆可。

▶▶音　乐：优美的钢琴演奏专辑，例如乔治·温斯顿的《春天》。

谁来当主角

可以用抽签的方式来进行游戏，让宝贝一次抽取一个角色，细细体会每个角色的感觉。宝贝可以通过表演分享，获得情绪经验，进一步修正自己的行为。父母可以通过肯定的眼神，重复宝贝的对话，鼓励宝贝表达，让宝贝感受到接纳，加强宝贝对于语言以及情绪表达的信心。

① 将预备的图画书放在双膝之间，图画书正对宝贝，让宝贝清楚看到内容。

② 按下故事播放键，先念完故事内容。

③ 放一段轻松的背景音乐，开始进行游戏。

④ 带宝贝读一遍故事，这时候可以让宝贝选择他喜欢的角色；再拿角色卡贴在洋娃娃身上，带着宝贝看一遍故事，同时特别停下让他念角色的台词(由妈妈念一遍，宝贝跟着念一遍)。

⑤ 再放一次故事，在故事念到宝贝所选的角色时，提醒宝贝跟着念台词。

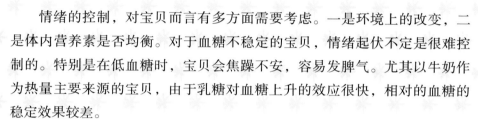

营养资优餐

让宝贝情绪平稳的美食

情绪的控制，对宝贝而言有多方面需要考虑。一是环境上的改变，二是体内营养素是否均衡。对于血糖不稳定的宝贝，情绪起伏不定是很难控制的。特别是在低血糖时，宝贝会焦躁不安，容易发脾气。尤其以牛奶作为热量主要来源的宝贝，由于乳糖对血糖上升的效应很快，相对的血糖的稳定效果较差。

有的家长会在睡觉前给宝贝泡一杯温热的牛奶，原本是想要宝贝安然入眠，殊不知这样反而造成血糖不稳定，继而导致第二天起床前，宝贝的血糖相对偏低，这样的宝贝不仅容易赖床，还会有起床气的问题。血糖低的宝贝不仅会嗜睡，还容易发脾气。

突然增加运动量，却没有预先食用点心，延误或遗漏餐食，或者未吃完应摄取的分量，是造成儿童低血糖的另一个常见原因。宝贝因为贪玩，容易忘记吃东西，也容易造成血糖的不稳定。因此，让宝贝定时定量地摄取食物是很重要的。

在饮食中必须要注意摄取多糖类食物（如糙米饭、地瓜），避免摄取大量单糖类食物（如糖果、巧克力、果冻）。单糖类食物，会刺激胰岛素分泌，快速降血糖，使宝贝情绪起伏大。

对于血糖起伏较为敏感的宝贝而言，血糖的稳定可以让情绪维持平稳。因此，建议优先选用的食材为：枸杞、地瓜、黑豆、寡糖、西红柿等。这类食物中的糖，对于血糖的稳定有较好的效应。

本单元所提供的餐点，可以改善宝贝的焦躁不安，提升宝贝的专注力，制造愉快的感觉。尤其针对情绪波动较大的宝贝，可多吃本单元的餐点，借由体质改善，带动心理上的快乐反应。

九层塔西红柿蒸蛋

营养分析表

热量	蛋白质	脂肪	碳水化合物
145千卡	7克	5克	18克

适合年龄：3岁以上

食材【2人份】

鸡蛋……120克（约2个鸡蛋）

大西红柿……40克（约1/4个）

洋菇……40克（约8朵）

苹果丁……120克（约2大匙）

九层塔……20克（2支）

调味料

盐……2小匙

做法

1. 大西红柿洗净去皮，切丁；洋菇洗净，切丁；九层塔洗净，切碎备用。

2. 洋菇、苹果、西红柿及九层塔一起放入果汁机中，绞碎备用。

3. 鸡蛋打入小碗中，搅散均匀，倒入"做法2"的食材、清水180毫升及盐搅拌均匀，倒入碗中。外锅加入1杯水，蒸至开关跳起即可。

注意事项

❤ 本食谱用量适合4～6岁孩童，6岁以上孩童则视食量增加分量。3岁的孩童，可酌量给予1/3至1/2的量。

对稳定情绪的帮助

营养方面

❤ 西红柿富含茄红素，是很好的抗氧化剂，其中富含的纤维质，对于血糖的平衡很有帮助，针对易怒的儿童，有稳定情绪的效果。

❤ 苹果中的铁含量很高，是健胃整肠的重要元素。对于宝贝而言，肠胃健全，营养均衡，情绪自然就会好。

蘑菇汉堡

营养分析表

热量	蛋白质	脂肪	碳水化合物
198千卡	7克	10克	20克

适合年龄：3岁以上

食材【2人份】

肉馅……70克（牛肉或猪肉皆可）

小黄瓜……10克（约4片）

西红柿片……2片

生菜……2片

洋菇……10克（约2朵）

洋葱丁……10克（约1大匙）

奶油……1小块（约5克）

汉堡面包……2个

调味料

市售蘑菇酱……2小匙

做法

1. 小黄瓜洗净切片；洋菇洗净，切丁备用。

2. 洋菇、洋葱丁和肉馅一起放入碗中抓匀，抓至肉有黏性，加入蘑菇酱搅拌均匀即为汉堡肉。分成两块，用手压成厚度约1厘米的肉饼。

3. 锅中放入奶油烧热溶化，放入"做法2"的汉堡肉，以小火两面煎熟。约5分钟，起锅。

4. 汉堡面包从中间横剖开不断，放入小烤箱烤热。

5. 将生菜、西红柿、"做法2"的食材、小黄瓜片、熟汉堡肉依序夹在汉堡面包中即可食用。

注意事项

♥ 本食谱分量适合6岁以上的小朋友，3～5岁的宝贝只吃半份。

对稳定情绪的帮助

肢体方面

♥ 学龄前儿童先切一半吃，吃完再切剩下的一半，以渐进式的方式进食，让宝贝觉得可以把东西吃完，还会让宝贝增加进食欲望。

营养方面

♥ 猪肉或牛肉提供优良蛋白质，由于不含糖，不会增加GI值，让易怒的宝贝情绪变得平稳。

山药莲子肉粥

营养分析表

热量	蛋白质	脂肪	碳水化合物
165千卡	5克	5克	10克

适合年龄：2岁以上

食材【2人份】

山药……30克

莲子……30克（约20颗）

胚芽米……50克（约4大匙）

肉馅……10克（约2小匙）

调味料

盐……1小匙

做 法

1. 山药去皮，洗净切丁；莲子去芯，和胚芽米分别洗净。

2. 锅中倒入3杯清水煮滚，加入莲子转小火煮2小时，再加入胚芽米，一边搅拌一边以小火煮10分钟，加入肉馅及山药丁，煮到全熟关火。

3. 加上盐调味，继续搅拌到盐溶化为止即可。

注 意 事 项

💗 本食谱用量适合4～6岁孩童，6岁以上孩童则视食量增加分量。2～3岁的孩童可酌量给予1/3至1/2的量。山药则要花较久的时间熬煮，煮到软烂一点方便食用。

对 稳 定 情 绪 的 帮 助

营养方面

💗 山药对于宝贝的肠胃以及智力发展都有帮助。由于富含蛋白质、氨基酸及黏质多糖，有助增进儿童生长，还可以预防糖尿病，对于血糖稳定有很大的帮助。让情绪波动较大的宝贝情绪稳定，拥有好心情。

黑豆核果糊

营养分析表

热量	蛋白质	脂肪	碳水化合物
212千卡	2克	8克	30克

适合年龄：2岁以上

食材【2人份】

黑豆……40克（约1.5大匙）

核桃……20克（约1.5大匙）

白芝麻……10克（约1大匙）

燕麦……40克（约4大匙）

调味料

寡糖……2小匙

做法

1. 黑豆洗净，沥干备用。

2. 黑豆、核桃、白芝麻放入果汁机，加入清水200毫升，打成三色浓浆。

3. 三色浓浆放入小锅中煮滚，加入燕麦及寡糖，以小火再煮至滚，即可食用。

注意事项

♥ 本食谱用量适合4～6岁孩童。2～3岁的孩童，可酌量给予1/3至1/2的量。

对稳定情绪的帮助

营养方面

♥ 黑豆含大量异黄酮成分，对宝贝的智能发展及神经安定效果绝佳。

蜜薯甜心

营养分析表

热量	蛋白质	脂肪	碳水化合物
108千卡	2克	0克	25克

适合年龄：2岁以上

食材【1人份】

桂圆肉……1小匙

枸杞……1小匙

葡萄干……1小匙

地瓜……60克

调味料

寡糖……10克

做 法

1. 桂圆肉、枸杞及葡萄干放入小碗中，加入开水20毫升泡软、沥干，加入寡糖搅匀备用。

2. 地瓜洗净、去皮，切成10厘米宽度，外围留1厘米，中心挖空，放入蒸盘中。

3. 将"做法1"的食材取适量塞入地瓜中心，蒸盘放入电饭锅中，外锅加入200毫升清水，蒸至开关跳起，地瓜熟透即可。

注 意 事 项

♥ 本食谱用量适合4~6岁孩童。2~3岁的孩童，可酌量给予1/3到1/2的量。桂圆肉、枸杞及葡萄干先弄成碎粒再蒸。

对 稳 定 情 绪 的 帮 助

营养方面

♥ 《本草纲目》记载，桂圆有补气安神的作用，能安定神经，降低不舒服的感觉。在早餐时配合食用，让早晨血糖较低的宝贝，一早开始就有好心情。

♥ 本道甜点中，应用天然甜味剂——寡糖，对于情绪波动较大的宝贝，有降低GI值，平稳血糖的功能。其实寡糖甜度与砂糖相当，因为无法被肠胃吸收，因此热量及GI值都低，针对血糖不稳定的情绪波动，可以有很好的改善效果。

♥ 地瓜虽然是淀粉类食物，但因为纤维量较谷类含量高，对于平衡血糖效果较佳，可改善情绪起伏不定的状况。

巧克力吐司棒

营养分析表

热量	蛋白质	脂肪	碳水化合物
125千卡	8克	5克	12克

适合年龄：2岁以上

食材【2人份】

厚片吐司……2片

黑巧克力砖……20克

全脂牛奶……40毫升

调味料

寡糖……4小匙

做法

1. 厚片吐司切成和手指粗细相同的条状，放入烤箱烤至金黄色，取出备用。

2. 黑巧克力砖切碎，放入小锅中，以小火隔水加热溶化，再加入寡糖及牛奶，搅拌均匀即为巧克力酱，倒入干净的杯中备用。

3. 食用时，让宝贝自己拿着厚片吐司棒蘸取巧克力酱食用。

注意事项

♥ 本食谱用量适合2～6岁孩童。

对稳定情绪的帮助

肢体方面

♥ 市售的巧克力，一般都含过多的糖分及香料，多多少少也都有防腐剂，建议家长和宝贝一起用纯黑巧克力自行制作，不但可以满足宝贝动手的欲望，也能保证巧克力的纯天然。

营养方面

♥ 巧克力酱对于清晨血糖较低的宝贝，可以平衡血糖，是很好的甜食。

♥ 厚片吐司烤过之后，碳水化合物容易被分解，对于宝贝消化吸收有帮助。

醋溜水果沙拉

营养分析表

热量	蛋白质	脂肪	碳水化合物
200千卡	0克	0克	50克

适合年龄：2岁以上

食材【2人份】

香蕉……20克

苹果……20克

番石榴……20克

菠萝……20克

葡萄……2颗

小西红柿……4颗

调味料

梅子醋……1大匙

寡糖……2小匙

做 法

1. 水果全部洗净,切小丁;葡萄和小西红柿分别对半切开;调味料放入小碗中,调匀备用。

2. "做法1"的食材淋上调味料,稍加搅拌即可食用。

注 意 事 项

♥ 本食谱用量适合4～6岁孩童,6岁以上孩童则视食量增加分量。2～3岁的孩童分量可减少。食材可再切细碎,挑选熟一点的番石榴、菠萝。

对 稳 定 情 绪 的 帮 助

营养方面

♥ 番石榴富含维生素C,可以增加宝贝的抵抗力,它也是一种天然的镇定剂,和香蕉一样都能帮助宝贝对抗压力、减少焦虑和不安的情绪。

Ⅲ. 资优培养第三步：
让宝贝强健体魄的体育课

"地板小英雄"路路

背景资料

姓名：路路
性别：男
年龄：3岁
主要问题或症状：只能发出模糊的叠字，如狗狗、爸爸、妈妈等词汇；永远都在微笑；经常下一秒就把其他小朋友撞倒；很能吃，体形跟同龄宝贝相比较为壮硕；做过智力测验，没有智商不足的问题；常在地上打滚，撞倒东西。

✳ 路路的故事

　　带路路来参加资优课的是路路的姑姑，姑姑也有一个3岁的孩子，已经可以清楚表达自己想要或是不想要的东西，而路路的语言却总是慢半拍。当父母非常生气时，路路还是笑嘻嘻地瞧，而且常常用身体撞人，导致其他孩子受伤。

父母缺乏教养理念，长期放任不管

　　路路的姑姑开设托儿安亲班，路路的爸妈如果同时工作，就会把路路托付给姑姑，请她代为照顾。路路常常闯祸，伤及别的小朋友，还破坏课堂秩序，让姑姑很伤脑筋。这样的情形持续了一阵子，眼见情况没有好转，姑姑不得不带路路前来求助。

　　经过了解才知道，路路的爷爷奶奶年轻时就离婚了，姑姑和路路的爸爸这对姐弟，跟着

奶奶住在山上，后来下山读书时，也是两人相依为命，姑姑对于这个弟弟非常照顾。路路的爸爸年轻时出过车祸，导致动作跟语言较为迟缓，他26岁时回部落，娶了邻居家一个国中刚毕业的16岁女孩当老婆，就是路路的妈妈。路路的妈妈也是住在山上，文化水平没那么高，再加上路路的爸爸身体不便，两人又都是较安静的人，所以路路生下来之后，两人都不知道如何教养小孩。他们对于路路的各项生长刺激不足，又无法像一般的父母适时地注意和帮助其成长，于是就放任路路在地上打滚或者乱爬。久而久之，导致路路的语言与人际等方面发展严重落后于同龄的小朋友。

山上的空间很大，只要不发生危险，怎么爬都没关系，也不用担心会妨碍到他人。在幼儿园里，路路总喜欢在地上滚来滚去，不只会撞伤人，同龄的小朋友也会跟着学，或者是以哭闹的方式达成目的。在其他家长眼中，路路就是带头作怪者，老师和家长自然会向路路的姑姑抱怨，而且次数愈来愈频繁。

✱ 索菲亚老师说

以姑姑的专业知识，知道路路并没有什么智能障碍，但是行为矫正及亲子互动等问题她无法完全胜任；再加上姑姑的身份，存在矫正者和亲属双重角色的问题，不利于对路路的矫正。姑姑更担心过度地介入，会导致自己与弟弟（路路的父亲）的冲突。在不胜其扰的状况下，路路的姑姑通过世界展望会的一个社工，认识了我，把路路带到了我的面前。

在经过半年多的沟通，以及针对性的做游戏，路路不只语言能力进步了，口齿也清晰许多，行为举止更加规矩了；再配合姑姑的教学，路路甚至开始学习中文及英文两种语言，学习空间与数字。

对于路路大幅度的进步，路路的爸妈都很惊讶和高兴，也跟着过来学习亲子教育，甚至在小区开始分享故事，协助一些从偏远地区来到都市里很不适应的家庭，渐渐融入到都市生活里，展现自信，并拥有不输给其他人的竞争力。

父母是宝贝最重要的启蒙者

孩子的问题不是解决一次就一劳永逸的。许多时候，往往是大人的问题恶性循环到宝贝身上。这已经变成一个愈来愈值得注意的现象，不重视和处理就很容易变成社会问题。

家庭成员的文化背景，影响宝贝的社交行为

在现在的大城市环境中，城市打工者、农村人、原住民等多种人汇集于此，使得路路这样的例子并不少见。许多父母有适应社会的困难，迫于生计压力及环境变迁，甚至陷入社交退缩及自我否定的状况。有些父母有躁郁症、忧郁症的状况出现；更有些高学历的父母，可能因为挫折承受力较差，导致自律神经失调，出现失眠、焦虑甚至强迫症（如不由自主地一直洗手，或是总爱检查瓦斯是否没关等）。

处于这样的家庭氛围中，对于正在学习期、模仿期的宝贝，难免会造成影响。因此，不单要注意宝贝的行为举止，更要关注宝贝的父母。只有父母被接纳、心态好，家庭环境和谐正向，宝贝才可以有正确的生活态度。

用游戏及规则来引导

我让姑姑多鼓励路路的长处，譬如这个宝贝很能翻滚，可以准备垫子，让他在众人面前翻滚，告诉他只有在垫子上翻滚，才有人看见和鼓掌。渐渐地，路路了解到，原来翻滚的规则是要在垫子上。

我同时也设计了一些家庭游戏，让路路的爸妈在家就能和路路一起玩耍，不过前提是，父母要一起操作。渐渐地，路路的行为改变了，看起来

懂事多了，甚至会跟爸妈分享今天在姑姑的教室里学到了什么。

经过三个月的时间后，路路各方面都有了长足的进步，他让本来很自卑的爸妈发现宝贝的改变。加上姑姑多次的鼓励，先是妈妈开始，后来连爸爸也愿意来参加团体。就这样，一家人都加入了团体，家庭气氛也完全变为乐观、进取，替代了以往的死气沉沉。

从游戏中拉近感情，玩出自信

影响宝贝智能的因素，除了遗传因素以外，外在感觉的刺激也很重要。路路不只变得很健康，还很有信心，甚至在语言的表达与理解上，还超越了不少小朋友。

路路的爸妈，也有了很大的进步。爸爸去应征市容清洁队的工作，从打零工做起，后来成了公务人员；妈妈则开始参加职业训练及志工团体，学习计算机的简单操作，还去上了生命教育的课程，到小学去义务讲故事给孩子们听，成为鼓励宝贝们成长的"彩虹妈妈"。

无疑，父母是上天赐给宝贝的第一份祝福，也是一生中最大的祝福！每个父母都希望自己的宝贝很棒，每个父母都怀着宝贝会比自己好的盼望。只是，他们有时候不知道怎样的方向才是对的，甚至于自己都怀疑自己的价值。只有父母用心成长，才能带宝贝走进不一样的世界！

宝贝的问题绝大部分都跟父母有关系。许多时候，不是因为父母不够爱宝贝，也不是父母不够努力，而是许多父母不懂得如何让宝贝更好。因此，教父母们怎样教育孩子，其实更加重要。

双臂与祝福双倍成长

　　本单元设计的活动是"双臂与祝福双倍成长"。以仿真摇篮的游戏模式，让路路这种刺激不够、发展迟缓的宝贝重新回归婴儿时的快乐，改变宝贝心里的幼年印象。一般小孩若想强化这些效果，也很适合。

　　通过游戏中父母所提供的正向积极的言语，以及在游戏里，脑部语言区及快乐感觉都被强化刺激，宝贝能同时感到快乐及语言上的回馈。

开始玩游戏喽

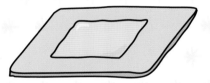

① 把毯子铺平，放在垫子上。

▶▶宝贝年龄：2岁以上

▶▶人数：3人的亲子游戏

▶▶时间：每次5分钟，休息3分钟之后可以再进行一次，每次最多可以进行3回合

▶▶道具：结实的大毯子1条

▶▶地点：地垫、弹簧床或者底下有柔软、安全的毯子的地方

▶▶背景音乐：轻松快乐的曲调，如贝多芬的《欢乐颂》

② 让宝贝躺在毯子上。

③ 父母双手各抓住毯子的两边，将毯子提起来，同时宝贝也在毯子当中，腾空像是睡在吊床上。

④ 以缓慢的速度左右摇晃，轮流或者是各自说出对宝贝祝福的话。

⑤ 摇10下后，停下来，让宝贝坐起来，在毯子上翻滚两次，再进行下一回大摇篮的游戏。

变化花样的方式

● 父母在操作的同时，可以放故事，让宝贝一边听一边活动，增加词汇理解能力。

● 宝贝如果已经6岁，可以用抓住手腕及脚踝的方式进行大摇篮，刺激更直接。

让宝贝强身健体的美食

无论是肢体灵活度，或是语言发展，都牵涉到肌肉的强度。肌肉的主要成分为蛋白质，建议以鱼、海鲜、鸡肉、牛肉等优质蛋白质为主要蛋白质供应来源，这些食物中的必需氨基酸含量较豆浆等植物蛋白质的含量多。当然也可以提供豆腐、豆干、豆浆这类的豆制品，对孩童肌肉生成及修补都有很好的效果。

铁、硼、锌这三种微量元素，影响宝贝肢体及语言发展。在本单元中，食物的配置上会特别搭配这三种微量元素的供应，提供宝贝神经细胞的增生。这几类微量元素在鱼类、甜椒、黑糯米、松子等食物中含量较多，对于宝贝的各项智能发展都有帮助。

蔬菜部分，尽量选用深色蔬菜，如菠菜、芹菜、空心菜、芥菜、茼蒿、韭菜等，花青素、β-胡萝卜素的含量较高，对于提升孩童抵抗力和智能发展都有帮助。

多彩多姿的颜色是本单元餐点的特色，通过颜色的刺激，可以让宝贝食欲大增。许多宝贝的发展迟缓状况，其实是内在营养素缺乏，及外在刺激不足造成。特别针对看起来比同龄孩童发展缓慢的宝贝，本单元的营养素可增加发育中所需要的微量元素，以及肌肉发展需要的优质蛋白质。

重要营养素	增强肢体及语言能力的食物
铁	瘦牛肉、动物肝脏、牡蛎、鱼类、紫菜、海带、豆类、甜椒、菠菜、坚果、芝麻、葡萄。
硼	普遍存在蔬菜中，动物性食物中很少。黄豆、葡萄干、杏仁、花生、榛果、枣子、蜂蜜。
锌	肉类、动物肝脏、牡蛎、牛奶、南瓜子、葵瓜子、松子、腰果。

奶酪焗烤鱼片

营养分析表

热量	蛋白质	脂肪	碳水化合物
210千卡	7克	18克	5克

适合年龄：3岁以上

食材【2人份】

鲷鱼片……60克

披萨奶酪丝……20克

枸杞……2小匙

调味料

橄榄油……2小匙

盐……少许

做法

1. 烤箱预热至200℃；枸杞洗净，泡软后捞起，沥干备用。

2. 鲷鱼片洗净，用纸巾吸干水分，两面均匀抹上橄榄油，放在烤盘上。

3. 鱼片撒上枸杞及奶酪丝，放入烤箱，以200℃烤至奶酪丝呈现金黄色泽，取出。视口味添加少许盐（或胡椒粉）即可食用。

注意事项

♥ 本食谱用量适用3~6岁孩童，6岁以上孩童则视食量增加分量。

对肢体及语言发展的帮助

营养方面

♥ 鲷鱼很常见，富含孩童成长中必需的锌元素，对提高宝贝的肢体灵活度及语言发展，是很重要的关键元素之一。

♥ 奶酪提供成长需要的钙质，只要常常带宝贝晒太阳，就可以转化成骨骼的营养素，让宝贝的骨骼长好，提高动作灵活度。

♥ 枸杞中所含营养素有叶黄素、β-胡萝卜素、牛磺酸等，这几项营养素对于上皮细胞组织有很大的功能，可以改善皮肤的状况；同时叶黄素是视网膜重要的维生素，对于视觉发育也很有帮助。

焗烤鸡肉彩椒盅

营养分析表

热量	蛋白质	脂肪	碳水化合物
145千卡	5克	5克	20克

适合年龄：3岁以上

食材【2人份】

黑糯米……20克

白米……20克

红甜椒……2个

鸡胸肉……60克

新鲜香菇……2朵

虾仁……4克（约1只）

大蒜……2瓣

调味料

葡萄籽油……2小匙

纯酿酱油……2小匙

做 法

1. 黑糯米及白米洗净，加入2杯水，一起放入电子锅，以一般煮饭方式煮熟；烤箱预热至180℃。

2. 红甜椒洗净，从顶部横切开做成盖子，中心去籽挖空，做成甜椒盅。

3. 鸡胸肉、香菇分别洗净，均切丁；虾仁洗净，去肠泥后切碎；大蒜去皮洗净，拍碎。

4. 锅中倒入葡萄籽油烧热，放入香菇及大蒜爆香，再加入虾仁、鸡胸肉，转小火炒至鸡肉变白，最后加入米饭及酱油拌炒，盛出。

5. 将"做法4"的食材填入甜椒内，盖上盖子，用锡箔纸包好，放进烤箱以180℃烤约10分钟，取出，拆开锡箔纸即可食用。

注 意 事 项

♥ 本食谱用量适用3~6岁孩童，6岁以上孩童则视食量增加分量。

对 肢 体 及 语 言 发 展 的 帮 助

肢体方面

♥ 可将烤好的甜椒盅切成四瓣，让宝贝以汤匙食用，增加宝贝的进食兴趣。

♥ 糯米饭在填充时，可邀请宝贝一同制作，增加亲子乐趣。

营养方面

♥ 以黑豆为原料（一般都是用黄豆）古法酿制的酱油，有一般酱油所没有的麸胺酸。麸胺酸为构成大脑中蛋白质的主要氨基酸之一，可促进生长激素合成，有助于增加肌肉力量，帮助孩童的肢体发育。

♥ 甜椒及黑糯米含较多的铁，有助于宝贝的造血功能，增加红血球的带氧功能，强化动作发展能力。

蒸凤黄虾

食材【2人份】

腌菠萝……40克

小菠萝……1个

菠萝……40克

洋菇……3朵

草虾仁……30克（约4~5只）

蛋黄……2个

做法

1. 两种菠萝切丁；洋菇洗净切丁；草虾仁去肠泥后，放入滚水中汆烫，捞出备用。

2. "做法1"的食材混匀后，打入蛋黄搅匀，放入菠萝盅中，最上层摆上一只虾仁，放入电饭锅内锅（不能直接放外锅，因为要加水，菠萝会湿掉），外锅放入半杯水，按下开关，直到开关自动跳起，即可食用。

注意事项

♥ 本食谱分量适合3~6岁孩童食用，6岁以上孩童则视食量增加分量。

对肢体及语言发展的帮助

营养方面

♥ 虾仁富含锌，锌对于身体细胞有修补作用，对宝贝生长发育有益，亦能加强肢体及语言发展。

♥ 蛋黄含丰富的β-胡萝卜素，在肝脏中可以转变成维生素A。维生素A是组成上皮组织细胞的重要元素，同时能提高宝贝的抵抗力。

山药薏米猪肝粥

营养分析表

热量	蛋白质	脂肪	碳水化合物
159千卡	10克	3克	23克

适合年龄：2岁以上

食材【2人份】

山药……30克

胚芽米……20克

红薏仁……20克

猪肝……80克

调味料

盐……2小匙

做法

1. 山药去皮，洗净切小丁；红薏仁及胚芽米洗净；猪肝洗净，切丁备用。

2. 小锅中放入2杯水，沸腾后加入红薏仁煮熟，再加入胚芽米，一边搅拌一边以小火煮至半透明，续加入猪肝及山药煮熟，加入盐调味即可。

注意事项

♥ 本食谱分量适合4~6岁孩童食用，6岁以上孩童则视食量增加分量。2~3岁的孩童分量可减少1/2或1/3。猪肝和山药都要切小丁，煮至软烂才好入口。

营养方面

♥ 猪肝含铁量大，对提高宝贝造血功能有益，还可以强化肢体及语言发展。

♥ 胚芽米中的蛋白质、脂肪、膳食纤维及维生素B$_1$等营养素含量均比白米高，同时口感又比糙米好，建议可以多给宝贝吃。

青酱牛肉意大利面

营养分析表

热量	蛋白质	脂肪	碳水化合物
336千卡	7克	20克	32克

适合年龄：3岁以上

食材【2人份】

意大利面条……80克

牛肉馅……70克

洋葱……40克（约1/8个）

调味料

青酱……3大匙

葡萄籽油……1小匙

初榨橄榄油……1小匙

做法

1. 洋葱去皮洗净，切碎。

2. 锅中放入葡萄籽油加热，放入洋葱炒香，再放入肉馅炒至肉变色，加入青酱，以小火慢炒，即为酱汁。

3. 烧半锅水，水滚后放入意大利面条煮熟，捞起盛盘。

4. 将"做法2"的酱汁淋在意大利面上，加入橄榄油拌匀后即可食用。

注意事项

❤ 本食谱分量适合3～6岁孩童食用，6岁以上孩童则视食量增加分量。

对肢体及语言发展的帮助

营养方面

❤ 青酱中的罗勒（有的是九层塔）富含维生素C、β－胡萝卜素及大量钙质，与铁、镁、钠等多种有益儿童智能发展的元素，能有效强化宝贝肢体及语言能力。

❤ 制作青酱不可缺少的松子，成分多为亚油酸、亚麻酸、花生四烯酸等不饱和脂肪酸，这些脂肪酸不能在人体内合成，但能防止胆固醇在血管壁上沉积，增加各种脂溶性维生素的效能，能帮助维生素D等为人体吸收，对骨骼成长极有益处。

❤ 葡萄籽油具抗氧化功能，可以增强宝贝的抵抗力，保护成长期间大量和外界接触的宝贝。

水果鸡蛋布丁

营养分析表

热量	蛋白质	脂肪	碳水化合物
193千卡	7克	5克	30克

适合年龄：2岁以上

食材【2人份】

葡萄……40克（约6～8颗）

草莓……40克（约4颗）

鸡蛋……2个

调味料

寡糖……2小匙

梅子浆……4小匙

做法

1. 葡萄洗净，切半后去籽；草莓洗净去蒂，切半备用。

2. 鸡蛋打入碗中，用打蛋器打至起泡，加入寡糖及100毫升的温开水拌匀，分别盛入2个小杯中，放入电饭锅。外锅放1杯水，蒸至开关跳起，即是鸡蛋布丁。

3. 布丁放凉后，倒扣在盘子上，摆上葡萄及草莓，淋上梅子浆即可食用。

注意事项

♥ 本食谱分量适合4～6岁孩童食用，6岁以上孩童则视食量增加分量。2～3岁以下孩童分量可减少1/2或1/3。

对肢体及语言发展的帮助

营养方面

♥ 鸡蛋含卵磷脂，其中的磷脂质是生物体细胞膜的主要成分，可帮助修复受损的细胞膜，同时促进脑部与中枢神经的发育，是宝贝智能及语言发展所需的重要营养成分。

♥ 梅子浆的营养成分有有机酸、柠檬酸，可以促进新陈代谢、帮助消化，提高宝贝免疫力。

♥ 没有乳糖不耐症的小朋友，可用牛奶代替温开水，做出来的布丁味道和口感都更香浓。

奇异果葡萄汁

营养分析表

热量	蛋白质	脂肪	碳水化合物
200千卡	0克	0克	50克

适合年龄：2岁以上

食材【2人份】

奇异果……40克（约1/4个）

葡萄……40克（约6～8颗）

蓝莓果酱……20克

温开水……400毫升

调味料

百香果醋……4小匙

做法

1. 奇异果洗净去皮；葡萄洗净备用。

2. 所有食材、调味料放入果汁机中，加入温开水，打成果汁即可。

注意事项

♥ 本食谱分量适合4～6岁孩童食用，6岁以上孩童则视食量增加分量。2～3岁的孩童分量可减少1/2或1/3。

对肢体及语言发展的帮助

营养方面

♥ 蓝莓含有较多的花青素，是强有力的抗氧化剂，可增强身体抵抗力，另外富含维生素C，是细胞间重要的维生素，可帮助宝贝生长发育，提升血液含氧量。

♥ 葡萄内所含的丹宁酸，临床上发现能减少病毒活力，增强孩童身体抵抗力。果皮含铁、高钾和稀有元素，可促进孩童血液循环和养分供给，无论对于肢体动作或是语言发展都有帮助。

♥ 蓝莓、奇异果、葡萄等深色的水果，能供应碘这种微量元素，让宝贝新陈代谢快，长得健康。

Ⅳ. 资优培养第四步：
宝贝做事更耐心的专注课

背景资料

姓名：玲玲
性别：女
年龄：6岁
主要问题或症状：上课无法专注，常常走来走去，甚至会唱歌跳舞。幼儿园老师与父母认为玲玲有多动儿的症状，检查结果却并非如此。

✳ 玲玲的故事

玲玲的妈妈在40岁时才生下玲玲，由于已经是高龄产妇，再加上怀孕末期出现妊娠败血症，玲玲的父母决定：生完玲玲后，干脆做结扎。于是，玲玲就成了独生女。

玲玲的爸爸妈妈在两家上市的高科技公司担任高级主管。尽管经常出国办公，但是两个人都很重视对宝贝女儿的教育，从小就让玲玲进入幼儿潜能开发的机构，甚至两人商量好，在玲玲3岁以前，妈妈绝对不出国，每天晚上准时接女儿回家。

为了让宝贝快乐地长大，夫妻俩对于玲玲的教导，总是宽容多过苛责，无论宝贝的状况如何，都以支持为主。但是玲玲不断地闯祸，好像一颗射出去就回不来的子弹，每天爬上爬下、跑来跑去，总是很难安安稳稳地坐好。在幼儿园上课时也是左顾右盼，低头玩自己的东西，或者和旁边的小朋友一起玩起来，不注意听老师讲课。就算是和小朋友玩积木，玩到一半人就走了，根本坐不住。老师抱怨玲玲是"多动儿"，爸爸妈妈于是带着玲玲去小儿心智科做测验，结果一切正常。医师说玲玲本来就比较好动，让父母别太紧张。

但是妈妈每次去接玲玲时，就会有幼儿园小朋友跑来告状："阿姨，玲玲上课时就在我旁边唱歌，害得我听不到老师说什么，被老师骂……"久而久之，父母开始怀疑宝贝是不是中了什么邪。外婆还特地带玲玲去收惊，可是状况不但没有改善，反而让玲玲半夜经常做恶梦。

✱ 索菲亚老师说

事实上，宝贝的注意力集中程度及活动量，会受许多因素影响，而非只是由一个特定情境或大人主观来判定的。在玲玲的状况当中，除了给予一些刺激，让她能够将过人的精力发泄，同时可通过饮食控制，由内而外稳定情绪。

小孩子的注意力问题远比大人想象的复杂

幼小儿童没办法统合头脑中许许多多的神经细胞消息，有些功能不足大多是神经细胞发育尚未完成所致。当小朋友的神经讯息无法正确传导，就可能产生父母师长口中"不守规矩""无法自控"的表现。年龄较小的小朋友只有在觉得事情有趣时，动机最强，也最能提升注意力。

在宝贝学习的同时，周围环境太吵，或者玩具、电视及计算机就在身边，宝贝受到诱惑，就很难要求他们能够专心学习。有些父母自己都耽溺于计算机、电视机，却反过来要求宝贝专心学习，其实是很不合理的。

宝贝需要借由操作、探索的方式来学习，所以在幼儿园或家里东

摸摸、西弄弄，其实是一种学习方式，不见得是故意捣蛋。对于宝贝而言，如果常常因为东摸西摸，或者常常弄坏东西而被责备，会造成自我情绪低落，信心不足，反而影响学习成效。有时候幼儿在教室里，听不懂幼儿园老师的课程内容，也会影响他注意力的集中程度。"学习困难"与"注意力不集中"其实是互为因果的。

宝贝不爱静坐学习，许多父母或幼儿园老师就显得忧心忡忡，其实是不必要的。每个宝贝都是独立的个体，受先天气质影响，有些天生活泼外向，有些内向畏缩；有些爱动手，有些却只喜欢作壁上观。

另外，我们都知道，含有各种食品添加剂的加工食品对儿童健康成长不利。父母要少让宝贝食用饮料、甜食的加工食品，因为这些食物中的人造添加剂有可能严重影响孩童的情绪，造成注意力下降，学习效果变差。

目前我们尚未了解食品添加剂对神经系统的伤害机理是什么，也无法确实哪些食品添加剂是无害的。我们能做的，就是尽量减少孩童食用含有食品添加剂的食品，降低风险。

资优培养要点

接纳不同，塑造未来领袖

每个宝贝都是特别的，就像5根手指长短不同。传统的中国人，常常会以宝贝能不能安安静静读书，能不能写一手好字，作为优秀与否的标准。发现宝贝有兴趣，并且通过适当地鼓励，宝贝就会有反转命运的机会。

我曾经听过一次演讲，主讲者是黄美廉博士。她在出生时，因为接生医师的疏失，撞击到头部，使她自小就脑性麻痹。6岁以前，她瘫在地上或床上，不能说话，口水不停往外流，医师看她当时严重的情形，判定黄美廉活不过6岁。

但即使黄美廉体弱多病又长得怪模怪样，家人仍然会常常带她出去，让黄美廉知道无论她长得多么特别，他们仍然爱着她，而且不会因为有这样的宝贝而感到羞耻。在14岁那年，黄美廉全家移民到美国。在一个全新的环境、不同语言、不同文化背景下生活，所面对的是更多的冲击和痛苦。但是在家人的鼓励下，黄美廉从大学、硕士，到取得博士学位，成为一位知名的画家及作家。

黄美廉在演讲场上，依然无法开口说话，头永远歪一边，但是她机智、开朗，轻松自在，像是上帝派到人间传播喜乐的使者，比很多正常的人都更加优秀。

不管我们的宝贝性格是活泼好动，或者是安静怕吵，只要父母和家人适当地鼓励，会让宝贝感到自己是有价值的，也有能力完成自己想要完成的梦想。虽然追寻梦想的路途非常艰辛，有了父母陪伴，宝贝会愿意继续努力，达到目标，成为一个成功的人。

　　像玲玲这样的宝贝，如果断然认定她是过动的宝贝，其实是给她贴上了负面的标签。从后来的测验得知，反而是许多资质优异的宝贝，因为课堂上的学习对其而言太容易，以至于无法专心学习，造成其他同学的困扰。

玩乐处方签

人体大富翁&乌龟翘

这个游戏主要目的是让宝贝觉得学习是有趣的，进而愿意学习，对于学习的内容产生兴趣。宝贝有时候对于游戏没有耐心，是因为设计的方式并不适宜，或者让宝贝觉得挫折感太大。在游戏中学会各种知识，是让宝贝练习专注的最佳办法。

开始玩游戏啰

① 介绍"大富翁"的路线，三种地垫颜色分别定好：一种颜色是正常路线，一种是机会，一种是危机。

机会

危机

房子

② 参与者轮流掷出大骰子，用
人做棋子，走到骰子所指示
的位置。

③ 走到机会或危机的地垫颜色，则要抽一张
卡片。机会卡是代表建设的图（例如建房
子、造桥、得到小动物等），危机卡则是
毁坏的图（例如山崩、泥石流等），抽到
不同的指示时请亲子一起执行指示。
举例：如果是拿到代表房子的建设图画，
就可以盖房子，可以拿杯子或是玩偶当做
房子；若是得到鸡，则要模仿鸡走路和鸡
叫；若是毁坏则要拿走原先盖的房子。

④ 如果碰到有人建设的区域，经过者需
要通过主人的指示，进行亲子肢体互
动活动。指定的亲子肢体互动可以有
挠痒、互拉摇晃、扮鬼脸等有趣的动
作。游戏可进行20分钟后休息，或是
有人到达终点后结束。

进阶游戏：乌龟翘

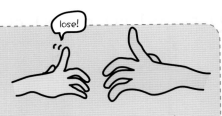

功用或目的：训练手或脚的小肌肉，
发展孩童的精细动作，同时也能训练
专注力。在小空间，或者只有亲子两
人时，就可以进行训练。

口令为："乌龟，乌龟……翘"。当念到翘时，爸妈可以用手指、脚趾，
或者摇头、摆手、踢腿等作为乌龟伸头的代表，跟宝贝轮流念口令，如果
跟出题者比出一样的动作，就算输了。

营养资优餐
让宝贝放轻松的美食

好动且不专心的孩童，饮食要以清淡为主。有刺激性的调味料或食物，例如酸、辣、咸、甜的味道，都容易造成情绪起伏，要避免使用。烹调时，尽量不要用油炸的方式，像小朋友喜欢的炸鸡、薯条等，对于玲玲这一类好动的小朋友，能少吃就少吃，避免刺激。

宝贝容易躁动的原因，有时候是因为体内的血糖不平衡造成的。在本单元的食物中，特别挑选稳定血糖，甚至可以降血糖的食物。改变体质之后，也可以改变宝贝的专注力。

人体的血糖主要是由升糖素及荷尔蒙、胰岛素来调节。临床上发现，血糖过低时，胰脏中的α细胞会分泌出升糖素，刺激肝脏释放储存的肝糖，转变成葡萄糖来升高血糖，回复到正常值。升糖素升高时，容易造成血糖升高，有心跳、呼吸加快、肌肉紧绷和紧张的现象。

孩童对于情绪的控制，本来就不如大人，如果父母常常给宝贝高糖、高脂肪的食物，除了会造成儿童肥胖外，更会产生宝贝无法专心、好动的状况。

像玲玲这样无法专心又好动的小朋友，家长要让他们少吃薯条、爆米花、洋芋片、南瓜、精制米、面粉制品、冰淇淋等含有升糖素的食物；要多吃糙米、燕麦、全麦、地瓜、山药等食物；且同一餐里不要只吃肉类，还要搭配蔬菜，才能降低血糖。

紫山药鸡柳

营养分析表

热量	蛋白质	脂肪	碳水化合物
168千卡	9克	8克	15克

适合年龄：3岁以上

食材【2人份】

去骨鸡腿肉……60克

紫山药……70克

红甜椒……15克

姜片……2片

葱段……2支

调味料

麻油……2小匙

纯酿酱油……1小匙

做法

1. 去骨鸡腿肉洗净，切细条；紫山药洗净，切细条，放入热水中余烫，捞出；红甜椒洗净，切条备用。

2. 锅中放入麻油烧热，放入姜片及葱段以大火爆香，再放入鸡腿肉炒至肉色变白，加入紫山药、甜椒炒熟，最后加入纯酿酱油调味即可盛出。

注意事项

♥ 本食谱用量适合3～6岁孩童，6岁以上孩童则视食量增加分量。

对提高专注力的帮助

营养方面

♥ 专注力不足、好动的小孩，常常因着活动量太大，过度损耗体力。平时多吃山药，或是莲子粥、薏米粥及大枣粥等，能补气，有助于补充体力、增加抵抗力。

♥ 甜椒味道较为温和，富含维生素C及β－胡萝卜素，对于改善情绪效果良好。

胡萝卜炖肉

营养分析表

热量	蛋白质	脂肪	碳水化合物
120千卡	7克	7克	5克

适合年龄：3岁以上

食材【2人份】

猪后腿肉片……60克

胡萝卜……50克

魔芋……20克

蒜末……1小匙

调味料

葡萄籽油……1/2大匙

纯酿酱油……1小匙

冰糖……1小匙

做法

1. 猪肉片洗净；胡萝卜及魔芋洗净，分别汆烫，均切块备用。

2. 锅中倒入葡萄籽油烧热，以大火爆香蒜末，加入猪肉片炒至变色，再放入胡萝卜、魔芋炒匀。加入纯酿酱油、清水80毫升、冰糖，以小火焖煮15分钟，即可盛出。

注意事项

♥ 本食谱用量适合3~6岁孩童，6岁以上孩童则视食量增加分量。

对提高专注力的帮助

营养方面

♥ 胡萝卜富含纤维素及β-胡萝卜素，对宝贝神经发育帮助大，针对好动且情绪不稳定的儿童，可补充过度损耗的维生素B族。

苹果糖醋鸡

营养分析表

热量	蛋白质	脂肪	碳水化合物
160千卡	7克	8克	15克

适合年龄：3岁以上

食材【2人份】

富士苹果……120克

去骨鸡腿肉……60克

玉米笋……20克

甜豆……30克

调味料

A料：葡萄籽油……2小匙

B料：纯酿酱油……1小匙

苹果醋……1小匙

寡糖……1小匙

做 法

1. 苹果洗净去皮，切小块；去骨鸡腿肉切小块；玉米笋及甜豆洗净，切斜片，
   备用。

2. 锅中倒入葡萄籽油烧热，放入去骨鸡腿肉炒至变色，再放入苹果、玉米笋、
   甜豆及B料炒匀，加入1/2杯清水，以小火焖煮至入味、汤汁略收即可盛出。

注 意 事 项

♥ 本食谱用量适合3~6岁孩童，6岁以上孩童则视食量增加分量。

对 提 高 专 注 力 的 帮 助

营养方面

♥ 苹果中的果胶及纤维丰富，对血糖的控制帮助很大，宝贝在血糖稳定的状况
下，相对专注力也会提升。

牛肉糙米炖饭

营养分析表

热量	蛋白质	脂肪	碳水化合物
198千卡	10.5克	7.6克	24.5克

适合年龄：3岁以上

食材【1人份】

糙米……50克

牛肋条……30克

胡萝卜……10克

洋葱……10克

马铃薯……15克

西红柿……30克

调味料

葡萄籽油……1/2小匙

大骨高汤……1杯

做法

1. 糙米洗净，泡水一个晚上。

2. 牛肋条洗净，切小块，放入滚水中余烫去血水，捞出沥干；胡萝卜、洋葱、马铃薯、西红柿均洗净，切丁备用。

3. 锅烧热，放入葡萄籽油，加入牛肉以中火炒至变色，盛出。

4. 锅中续倒入1大匙的大骨高汤，放入糙米以小火略炒，再放入全部切丁食材炒匀，加入牛肉块后，倒入剩余的大骨高汤，盖上锅盖，以小火焖煮约30分钟即可。

注意事项

♥ 本食谱用量适合3~6岁孩童，6岁以上孩童则视食量增加分量。

对提高专注力的帮助

营养方面

♥ 牛肉的油脂较少，蛋白质营养完整，宝贝吃了不会只长肉，同时也吸收了造血需要的铁质。

♥ 蔬菜可以减缓血糖的效应，缓和情绪，对于专注力不足、好动的宝贝有很大的帮助。

梅酱地瓜饼

营养分析表

热量	蛋白质	脂肪	碳水化合物
150千卡	4克	6克	20克

适合年龄：2岁以上

食材【2人份】

红地瓜……60克

面粉……3大匙

蛋液……1/4个

调味料

橄榄油……1小匙

梅子酱……1小匙

做法

1. 红地瓜洗净，去皮，放入电饭锅蒸熟或是在滚水中煮熟捞出，捣成泥状；鸡蛋打入碗中搅散，备用。

2. 将地瓜和过筛好的面粉拌匀，加入蛋液搅拌至均匀有光泽，用手整成圆饼，备用。

3. 锅中倒入橄榄油烧热，放入地瓜饼，以小火煎至两面呈金黄色，盛出，淋上梅子酱即可。

注意事项

♥ 本食谱用量适合4～6岁孩童。2～3岁的孩童，可酌量给予1/3到1/2的量即可。

对提高专注力的帮助

营养方面

♥ 高纤低脂的地瓜，对于血糖的稳定效果很好，能平衡宝贝的情绪，增加专注力。

♥ 含有柠檬酸、苹果酸、琥珀酸的梅子，可促进新陈代谢、消除体内毒素累积产生的倦怠感。让好动的宝贝，可以快速补充能量、改善体质。

牛奶绿豆麦片

营养分析表

热量	蛋白质	脂肪	碳水化合物
144千卡	6克	4克	21克

适合年龄：2岁以上

食材【1人份】

全脂鲜奶……120毫升

燕麦片……10克

绿豆……10克

调味料

寡糖……1小匙

做 法

1. 将绿豆泡水一夜，放入滚水中，以小火煮约1小时至熟软，捞出沥干。

2. 鲜奶倒入小锅中，以中火煮至滚，放入燕麦片、绿豆再次煮滚后，熄火，再增添寡糖即可。

注 意 事 项

♥ 煮绿豆也可以直接用电饭锅，加5杯水在内锅，加入300克已洗净的绿豆，外锅加3杯水，将绿豆煮熟后，捞出30克绿豆，沥干使用。

♥ 本食谱用量适合4～6岁孩童，6岁以上孩童则视食量增加分量。2～3岁的孩童要吃时，可以将麦片汤用果汁机打成糊状，较容易消化和食用，并酌量给予1/3到1/2的量。

对 增 加 专 注 力 的 帮 助

营养方面

♥ 燕麦片纤维素含量多，在饮食中加入燕麦片，可以减缓血糖上升的速度，缓和血糖忽高忽低的状况。

♥ 绿豆外皮纤维素高，同时对于细胞复原及消炎有极好的效果，对于血管的健康也有好处，对于宝贝的情绪稳定，专注力提升有帮助。

鲜菇蒸鲑鱼

营养分析表

热量	蛋白质	脂肪	碳水化合物
118千卡	7克	10克	0克

适合年龄：2岁以上

食材【2人份】

鲑鱼……100克

秀珍菇……20克

鸿禧菇……20克

美白菇……20克

调味料

盐……2小匙

做 法

1. 鲑鱼洗净，用纸巾擦干，两面均匀抹上盐；菇类洗净，一起放入滚水中汆烫，捞出备用。

2. 鲑鱼放入蒸盘中，将菇类平均摆在鱼面上，封上保鲜膜，放入电饭锅，外锅加入半杯水，蒸约10分钟即可。

注 意 事 项

♥ 本食谱用量适合3~6岁孩童，6岁以上孩童则视食量增加分量。2~3岁的孩童可酌量给予1/3到1/2的量。食用时要先把菇类剁碎，方便食用。

对 提 高 专 注 力 的 帮 助

营养方面

♥ 菇类的孢子内含有干扰素，这种物质和免疫机能有关，对于稳定情绪、降低血糖效果很好。

V. 资优培养第五步:
宝贝不偏食的营养调理课

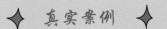

"小熊维尼"约翰

背景资料

姓名：约翰

性别：男

年龄：8岁

主要问题或症状：只吃泥状的食物，只要有点硬的食物就一点不碰，逼他吃的话，他会连咬都不咬就吞下去；已经念幼儿园大班了，还是不自主地流口水，咬字也不清楚，常常被同学取笑。

✳ 约翰的故事

　　老师和同学都认为约翰是个乖巧的孩子，只是不太爱说话，就算说话也不是说得很好而已，有点像是老外学中文的洋泾浜，咬字不清楚，发音也含糊不清。约翰总是一个人安安静静地坐在一旁，他不会主动找小朋友玩，也没有什么很激烈的情绪表现。虽然比同年龄的孩子看起来瘦小，但是因为脸是胖嘟嘟的，所以大家都笑称他为"小熊维尼"。

　　约翰是家里的老幺，上头有两个姐姐、一个哥哥，年龄最小的姐姐也比他大7岁。妈妈在生约翰时，已经47岁了，本来觉得不可能再怀孕的妈妈，知道怀孕时，不知如何是好。当时已经20岁的大女儿，担心生下来的小孩会是畸形儿，一度劝妈妈不要留下肚子里的宝贝。

　　结果召开家庭会议讨论，全家人一致通过要留下这个孩子，哪怕就算是畸形儿，哥哥姐姐也会爱护这个小宝贝。为了不让妈妈怀孕时太累，大家都讲好要轮流做家务。

很幸运，羊水穿刺的结果，确定小孩不是畸形儿，哥哥姐姐也承诺要爱护这个小弟弟。不过这样幸运的宝贝，还是有一些状况的。约翰对于食物非常挑剔，硬一点的食物到他的口中就会吞下去，吞不下去就会吐出来，有时候甚至连之前吃下去的东西，都一起吐出来。

约翰的父母怀疑是食道狭窄的原因，于是带约翰去看儿科，但是检查出来一切正常。医师建议他们转去看小儿心智科，看看是不是因为心理因素造成的厌食。父母一听到小儿心智科，心想问题应该没有到那么严重，所以就没放在心上，只是尽可能给约翰吃一些软质的食物。

妈妈甚至到小区念了很多关于小儿营养方面的课程，针对宝贝的营养补充，用尽心思。好不容易，约翰的体重与身高，只比一般同龄孩子差一点点，智能发育似乎也没有严重的障碍。

只是在老师们的眼中，约翰的行为表现是乖巧有余，伶俐不足。幼儿园建议约翰的父母找早期疗愈的专家讨论一下。于是他们才找上我这位感觉统合的专家。讨论一番研究后，他们才听到一个新鲜的名词——"口腔感觉异常"。

❋ 索菲亚老师说

随着宝贝愈来愈大，食物的提供也多样化，宝贝在这个时期，模仿是最主要的学习方式。如果在这段时间里，大人对于食物的好恶，出现不好的示范，或者不体贴宝贝的需要，让宝贝有了不好的用餐经验，都有可能造成小朋友偏食。

单纯的偏食是环境影响的

举例来说，爸爸不喜欢吃青菜，比较爱吃肉，宝贝会因为在进食时，捕捉到爸爸对于青菜的不喜欢，因此觉得青菜是讨厌、难吃的食物。也有的可能是在吃东西的过程里，曾被菜梗噎到或被鱼刺扎到，而造成害怕吃菜或吃鱼的情形。

偏食可能带来的不良影响，包括体能及抵抗力的不良，临床上甚至还有小孩因为严重偏食，从小就有习惯性便秘，造成身体不佳。

在烹调方面，愈小的宝贝愈要注意食物的大小。譬如原本切长条的食物，可以切成丁，使食物较易入口。原本凉拌的食物，改成炖煮，将食物烹煮成较软的质感，通常宝贝会比较容易接受。

某些宝贝容易排斥的食物，可以做成宝贝喜欢的造型，或是打汁，或和宝贝喜欢吃的食物种类混合在一起，将食物呈现的形象改变，找出吸引宝贝的形态。

不要看低宝贝的理解能力，跟宝贝分享菜肴的营养成分，可以让他长得更高更壮，或是增强抵抗力，减少生病时的不舒服。让宝贝从一堆菜中，挑选他愿意吃的，同时邀宝贝一起洗菜、煮菜，增加宝贝的参与感，让宝贝愿意尝试不同的菜色。

有时候宝贝真的很不喜欢，或是强烈排斥时，不要勉强宝贝硬吞，或者用激烈的语言辱骂宝贝。这样一来，反而会让宝贝拒食的状况更加严重。可以的话，甚至于在进食的时候放些快乐的音乐，让宝贝觉得用餐是件快乐的事。

口腔感觉异常也会造成偏食

有些宝贝是因为口腔感觉异常，才造成偏食的行为。所谓异常，有对感觉讯息的过与不及的表现。这样的宝贝在进食的经验上，可能跟一般宝贝不同，特别是像约翰这样的宝贝，对于食物的硬度及大小有特别敏感的现象，除了在用餐环境、食物内容，要尽量给予安全及稳定的感觉以外，适当提供口腔按摩及口腔刺激，对于改善偏食的状况，可以达到较好的效果。

　　许多有口腔感觉异常的宝贝，通常很不喜欢刷牙这一类让异物进入口腔内的活动，因此，建议父母可以针对刷牙以及口腔周围的按摩活动，作为主要的互动游戏。

陪宝贝吃饱饱，一起成长

当父母发现宝贝偏食，可以用一些方法来改善偏食行为，千万不要因为宠宝贝，或者说宝贝大了就会改善，就任凭宝贝只吃几项喜欢的食物，最后变成营养不均衡。

口腔感觉异常的宝贝，因为咀嚼习惯不佳，常常会有消化不良、吸收不好的状况。在吃饭时陪着宝贝耐心地咀嚼，等他把饭吃完是很重要的。有些时候，因为父母耐性不足，往往宝贝就会囫囵吞枣，以至于没有咀嚼足够，唾液与食物并没有充分融合。

就算是一般的宝贝，在训练咀嚼的时候，都需要父母耐心地陪伴。和颜悦色地陪宝贝把饭吃完，一次只给予一点点的量，让他们觉得自己有能力吃完饭，同时吃饭也不是痛苦的事。

家中的所有人，都要倾全力帮助宝贝学习咀嚼，譬如父母轮流每人10分钟，每次宝贝吃一口饭，都陪他数数，至少咀嚼10次再吞下去；每次吃完一口，有乖乖地咀嚼，就要适当地给予言语上的鼓励。让宝贝知道他做了一件值得赞赏的事情，未来他对进食的意愿就会加强。

可以在宝贝吃饭时，给予一些好用的餐具，或者是有可爱图样的餐盘，让宝贝提高吃东西的兴趣。另外，用餐气氛也很重要，当吃饭时，配上一些古典音乐，以轻快流畅的曲风，作为饮食的配料，效果绝佳。

必须注意的是，有些父母为了要让宝贝吃得快一些，选择让宝贝一边看电视，一边予以喂食。这样的训练方式，不但剥夺了宝贝学习吃饭的快乐，更会让宝贝不经咀嚼就吞下去，以至于根本不知道吃了些什么。不但容易造成消化不良，也无法养成专心吃饭的好习惯。

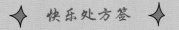

快乐处方签
快乐用餐时间

这个游戏可以启动宝贝对于食物的兴趣。当宝贝们将食物及制作食物当做一件有趣的事情时，可以通过自然情境的体验，改善偏食的习惯，进一步通过均衡的饮食，提高抵抗力；另外，通过认识物品名称、配对、简单的量及算数练习，增加用餐兴趣。

开始玩游戏喽

▶▶宝贝年龄：4岁以上

▶▶人数：2～3人的亲子游戏

▶▶时间：每次5分钟，休息3分钟之后可以再进行一次，每次最多可进行3回合

▶▶道具：☺ 蔬菜数种
　　　　 ☻ 水果数种
　　　　 ✿ 碗筷一人一副
　　　　 ♀ 塑料刀具，小朋友一人一支

▶▶音乐：舒适流畅的曲目，音域较为平稳的音乐，最适合在用餐时播放，如莫扎特的《小夜曲》

① 带宝贝上菜市场，请宝贝挑选自己晚餐想要尝试的新菜色。

② 让宝贝清洗自己的菜，同时在安全的状况下，让宝贝自行切割成喜欢的大小（给宝贝使用塑料刀）。

③ 一边准备晚餐，一边告诉宝贝，他今天所挑选的新菜，对于他的身体健康有什么样的帮助。

④ 餐前请宝贝帮忙摆全家人的碗筷。

⑤ 用完餐后，让宝贝挑选水果，并让宝贝清洗水果，以及询问每个人要吃多少，算出正确的水果数，还要帮大家做切水果及准备工具的服务。

进阶游戏：鬼脸大赛

功用或目的：增加脸颊肌肉的活动、刺激唾液分泌，同时增强孩童对于咀嚼的兴趣。特别针对宝贝平日较不喜欢的食物，可以先进行这类的游戏，让宝贝觉得身心都放松之后，再鼓励宝贝吃这类食物。

1. 爸妈做鬼脸示范，表情尽量夸张。

2. 以喜、怒、哀、乐为主题发挥，让宝贝边玩边创作，增加活动乐趣。

3. 每次活动以20分钟为主，也可以休息10分钟后继续再玩。

让宝贝不再偏食的美食

宝贝在幼年时期，味蕾的发育并不完全，因此对于食物并没有太大的偏好。但是我们却常常发现，宝贝长大些，就开始有食物的偏好。主要原因，是因为父母对于食物喜好的引导。我们会发现，爸妈排斥吃某种食物，宝贝也会排斥。

从这个角度看来，其实宝贝的偏食，大部分都是父母造成的。因此做父母的，一定要在宝贝吃饭的时间，专心地陪他用餐，并且保持良好的用餐心情，避免宝贝对于某些食物有不当的偏见，导致营养失衡。

另外，有些宝贝就像是本书所叙述的，有口腔敏感的问题。这样的宝贝通常对于较硬的食物，会直接吐出来，或是不经咀嚼勉强吞下去。我们在食物的挑选上，就必须要选较软的纤维素，让宝贝可以练习咀嚼，却不会因此而感到痛苦，丧失咀嚼的乐趣。

建议父母多给宝贝补充各类蔬菜及水果，利用一些小技巧，在不被宝贝发觉的情况下，吃下排斥的食物，使营养均衡。像是把宝贝讨厌的食物用切碎、切末、磨成泥、打成酱等方式加入菜肴，最常见的是把吻仔鱼切碎拿来炒蛋，补充宝贝的蛋白质，利用鱼目混珠方式，让宝贝先吃下食物，再慢慢让他察觉，导正他偏食的口味。

家长在帮偏食的小朋友搭配三餐时，在营养均衡的原则下，多选择瘦肉、鱼虾

等食材，同时蛋类及奶类也是很重要的，牛奶、豆浆、酸奶都是很好的选择。此外，可多吃富含锌的食材，像牡蛎、乳制品、牛肉、谷类、核果类等，因为锌能促进舌头上味蕾细胞再生、增加食欲、避免偏食。

　　此外，进食的场所及气氛也非常重要，当宝贝吃东西时，可以放一些轻音乐，譬如钢琴演奏的曲目，或者是轻快的儿歌，让宝贝有好心情吃饭。口腔敏感的宝贝，通常吃东西会比较慢，建议父母以少量多餐的方式，慢慢训练宝贝多吃一些；切忌大声催促，露出不耐烦的表情，否则宝贝心急，反而很容易把食物吐出来。同时，这样的态度，会让宝贝对食物产生反感，收到反效果。

珍珠蔬菜丸子

营养分析表

热量	蛋白质	脂肪	碳水化合物
222千卡	12克	6克	30克

适合年龄：4岁以上

食材【2人份】

紫糯米……40克

猪肉馅……70克

玉米粒……60克

韭菜末……20克

干香菇……20克

虾米……1小匙

蒜末……1小匙

调味料

盐……少量

做法

1. 糯米洗净，泡水一晚；干香菇及虾米泡软，捞出；香菇切丝，备用。

2. 猪肉馅放入小碗中，加入玉米粒、韭菜末、香菇、虾米、蒜末、盐，用手混合拌至有黏性，即为馅料。

3. 将馅料分成数个直径约1元硬币大小的小肉丸，外围蘸紫糯米，放在蒸盘上，封上保鲜膜，放入电饭锅。外锅倒入1杯水，按下开关，等电饭锅跳起，取出即可。

注意事项

♥ 本食谱用量适合4~6岁孩童，6岁以上孩童则视食量增加分量。

对改善偏食的帮助

肢体方面

♥ 本道食物以提供多样口腔触觉为重点，每一种食物都有特殊的口感。

营养方面

♥ 猪肉含优质动物蛋白质，对于宝贝肌肉发育生长有很大的帮助，特别是口腔敏感的宝贝，需要加强肌肉的细胞数量，因此蛋白质的补充是很有必要的。

♥ 紫糯米中含有大量花青素，花青素在医学上被证明为有效的抗氧化剂，可增进血液循环、提高抵抗力，特别是糯米需要咀嚼多次才能够被吞咽，对于口腔敏感的宝贝，有刺激咀嚼的效果。

鲷鱼白菜蛋丝

营养分析表

热量	蛋白质	脂肪	碳水化合物
156千卡	14克	8克	2克

适合年龄：2岁以上

食材【2人份】

大白菜……100克

鲷鱼……60克

鸡蛋……2个

调味料

芥花油……3.5大匙

盐……少许

做法

1. 大白菜洗净，切块；鲷鱼洗净、切块，用纸巾擦干；鸡蛋打入碗中搅散，备用。

2. 锅中倒入3大匙芥花油烧热，取一漏勺，将蛋液从漏勺上方缓慢倒入锅中，用筷子快速搅散油锅中的蛋丝，待蛋丝呈金黄色时，捞出，沥干油分备用。

3. 锅中再放入剩下的1/2大匙芥花油烧热，放入大白菜炒至出水，加入鲷鱼，盖上锅盖焖一下，起锅前放入蛋丝拌匀，最后加入盐调味，即可盛盘。

注意事项

♥ 本食谱用量适合4～6岁孩童，6岁以上孩童则视食量增加分量。2～3岁的孩童可酌量给予1/3到1/2的量。大白菜要切细碎，方便食用。

对改善偏食的帮助

营养方面

♥ 鲷鱼有丰富的钙质和蛋白质，细嫩的肉质，对于口腔触觉敏感的宝贝，比较容易食用。

♥ 大白菜含有较多粗纤维及钙、磷和多种维生素。对于口腔触觉敏感的宝贝，有增加咀嚼意愿的效果。其维生素C含量高，可以让宝贝增强抵抗力。

迷迭香烤鸡

营养分析表

热量	蛋白质	脂肪	碳水化合物
120千卡	12克	8克	0克

适合年龄：2岁以上

食材【2人份】

鸡胸肉片……60克

大蒜……10克

九层塔……1克

干燥迷迭香……2克

调味料

纯酿酱油……1小匙

做法

1. 大蒜去皮，洗净，拍碎；九层塔洗净，切碎；迷迭香剁碎，和大蒜、九层塔一起放在酱油中拌匀成腌料备用。

2. 鸡胸肉洗净，切成2大块，以拍肉器或刀背拍打2~3下，让鸡胸肉肉质变松软，备用。

3. 鸡胸肉均匀抹上腌料，放入冰箱静置半小时。

4. 取出鸡肉，放在烤盘上，以180℃烤约7分钟，翻面再烤2分钟即可。

注意事项

♥ 本食谱用量适合4~6岁孩童，6岁以上孩童则视食量增加分量。2~3岁的孩童，可酌量给予1/3到1/2的量。在食用前，家长要先把鸡肉剁碎再给宝贝吃。

对改善偏食的帮助

肢体方面

♥ 鸡胸肉为低脂的蛋白质来源，富含必需氨基酸，可以修补细胞，具有较为温和的咀嚼感，又有足够的嚼劲，鼓励宝贝多咬几下再吞下去。

营养方面

♥ 九层塔、迷迭香可以促进血液循环、帮助消化、改善肠胃胀气、对于刺激宝贝食欲有效果。只要食欲增加了，咀嚼意愿就会增加，就可改善宝贝的偏食问题。

西红柿牛肉炒饭

营养分析表

热量	蛋白质	脂肪	碳水化合物
254 千卡	11克	10克	30克

适合年龄：3岁以上

食材【2人份】

白饭……100克

牛肉馅……80克

青豆仁……20克

九层塔……20克

西红柿丁……20克

调味料

A料：葡萄籽油……1小匙

B料：西红柿酱……2大匙

　　　寡糖……1小匙

　　　盐……1小匙

做 法

1. 九层塔洗净，切碎；青豆仁洗净，备用。

2. 锅中放入葡萄籽油加热，放入九层塔炒香，再放入牛肉馅、青豆炒至变色，加入白饭，以小火拌炒均匀，加入调味B料，以小火慢炒2分钟即可。

注 意 事 项

♥ 本食谱用量适合3～6岁孩童，6岁以上孩童则视食量增加分量。

对 改 善 偏 食 的 帮 助

肢体与营养

♥ 使用牛肉馅一方面增加蛋白质及铁质的摄取，同时牛肉馅的肉质，对于口腔触觉敏感的宝贝，也比较不排斥。可以绞粗一些的颗粒，宝贝多咀嚼，除了增进消化，同时也做到口腔内按摩。

♥ 青豆仁及西红柿丁所含纤维较软，口腔触觉敏感的宝贝，较愿意咀嚼。

法式马铃薯浓汤

营养分析表

热量	蛋白质	脂肪	碳水化合物
136千卡	5克	4克	20克

适合年龄：2岁以上

食材【2人份】

马铃薯……60克

洋葱……40克

洋菇……30克

胡萝卜……10克

高丽菜……60克

牛奶……250毫升

大骨高汤……200毫升

调味料

葡萄籽油……1小匙

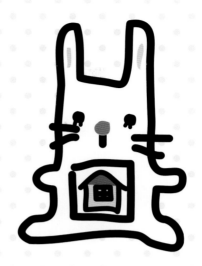

做法

1. 马铃薯去皮切块，放入滚水中煮熟，捞出沥干；洋葱、胡萝卜去皮洗净，切丁；洋菇、高丽菜均洗净，切丁备用。

2. 马铃薯放入果汁机中，加入牛奶及大骨高汤打匀，备用。

3. 锅中放入葡萄籽油烧热，放入洋葱爆香，再加入所有切丁食材拌炒均匀，倒入"做法2"的食材，以小火煮至食材软烂即可。

注意事项

♥ 本食谱用量适合4~6岁孩童，6岁以上孩童则视食量增加分量。2~3岁的孩童，可酌量给予1/3到1/2的量。

对改善偏食的帮助

营养方面

♥ 本道菜含有牛奶，能帮助肌肉细胞的形成和再生，对于宝贝的咀嚼中所需要的肌肉及韧带的发育有帮助。

♥ 胡萝卜中含大量的β–胡萝卜素，对宝贝的神经发育，及提供能量有很大的帮助。尤其胡萝卜是比较柔软的纤维，口腔敏感的宝贝在进食时不会排斥，进而增加孩童的咀嚼意愿。但这类营养素都是脂溶性的，烹调中需要与油脂一起烹煮，才能够达到吸收效果。

水果冰淇淋

营养分析表

热量	蛋白质	脂肪	碳水化合物
218千卡	8克	10克	24克

适合年龄：2岁以上

食材【1人份】

香草冰淇淋……1球

葡萄……2颗

香蕉……1/2根

发泡鲜奶油……1球

调味料

巧克力酱……少许

做 法

1. 香蕉切斜片；葡萄洗净，对半切开备用。

2. 取一透明杯，底层放入发泡鲜奶油，摆上香蕉及葡萄，放上1球冰淇淋，最后淋上巧克力酱即可。

注 意 事 项

♥ 本食谱用量适合4～6岁孩童，6岁以上孩童则视食量增加分量。2～3岁的孩童可酌量给予1/3到1/2的量。

对 改 善 偏 食 的 帮 助

营养方面

♥ 葡萄含有大量的葡萄糖及果糖，宝贝的食用意愿高，也比较愿意咀嚼。口腔敏感的宝贝，对于食物在口中的感觉不太喜欢，常常也会伴随热量不足的问题，葡萄所含的成分，易为人体所吸收，能达到补充热量的效果。

♥ 香蕉的营养价值高，味道让宝贝喜欢，其中的纤维素较软，可提供较好的咀嚼感。

和风烧肉

营养分析表

热量	蛋白质	脂肪	碳水化合物
138千卡	7克	10克	5克

适合年龄：4岁以上

食材【2人份】

梅花肉片……60克

洋葱……60克

大蒜……2瓣

调味料

A料：芥花油……2小匙

B料：日式酱油……1.5大匙

　　　胡椒粉……少量

　　　味噌……0.5大匙

做法

1. 洋葱洗净去皮，切丝；大蒜拍碎，去皮切末，备用。

2. 锅中倒入芥花油，放入蒜末爆香，放入洋葱用中火拌炒至呈现透明状，加入肉片拌炒后，加入B料及半杯清水，小火焖煮至汤汁变稠入味即可。

注意事项

♥ 本食谱用量适合4~6岁孩童，6岁以上孩童则视食量增加分量。

对改善偏食的帮助

营养方面

♥ 洋葱与大蒜相似，都含有蒜素及硫化硒，能够增强抵抗力，改善口腔敏感孩童常常出现的营养不良，以及容易生病的问题。

肢体方面

♥ 梅花肉本身的肉质带油花，较其他全瘦肉而言，比较容易咀嚼撕断，且宝贝的咀嚼成就感较大，吸收也较好。

VI．资优培养第六步：
宝贝握笔有力的书写课

真实案例

写字总是超出格子的祥祥

背景资料

姓名：祥祥

性别：男

年龄：6岁

主要问题或症状：幼儿园小班开始，祥祥对画画这一类手部操作活动，就不太擅长；握笔不顺，字写得不好看，有些笔画还会超出格子，因而没有自信，不爱上语文课、画画课，但检查视力并没有问题。

✳ 祥祥的故事

在学校的时间里，孩子大概有将近四分之一到一半的时间在从事纸笔活动；书写与学习关系密切，很多儿童在学龄前就被要求书写，书写能力的发展也因此备受重视。

像祥祥这样的宝贝，其实并不少见，只是很多父母并不重视宝贝的书写，以至于到后来只好全面放弃。其实书写能力是可以训练的，训练书写能力的同时，也能刺激宝贝智能发展。

祥祥的惧学，已经影响到他的学习。幸运的是，他的幼儿园老师及爸妈都没有放弃他，让他有机会在小区儿童成长队中，找到一些方法。回头检视这个宝贝的家庭状况，我发现祥祥是家中的独子，也是独孙，爷爷奶奶非常宠爱他，总是为他做很多事情。一直到念幼儿园大班，回到家，爷爷还是以喂食的方式来伺候这个宝贝孙子。于是祥祥操作手部小肌肉的能力，就不像一般小朋友灵活。

其实影响书写能力的因素很多，包括身体姿势、手眼协调、手部运动能力等。纯粹生理因素，可由专业治疗师评估，针对问题提供治疗、建议，并使用辅具加以改善。除了训练小肌肉的发展能力，也要进一步矫正握笔姿势，对于改善像祥祥这样，总是超出格子的书写状况，是必要的训练。

模仿大人是宝贝学习的原始动机，大约1岁至1岁半的儿童开始拿握蜡笔或彩色笔涂鸦，此时是用整个手掌去握笔，属于较原始的动作。之后，随着肌肉发育较成熟，约4岁半至6岁，宝贝慢慢进步到可以只用前3根手指（拇指、食指及中指）握笔，特别是中国人的宝贝很小就被训练用筷子，小肌肉的操作较使用刀叉的西方国家小孩，都更为成熟。

一个有效率的握笔姿势，能让笔尖可触及的范围最大，对于书写的速度、辨识度及耐力都是有益的。祥祥的握笔习惯，其实是长期不良姿势造成的影响，需要重新通过有趣的游戏，引导他对于握笔练习的兴趣，进而改善他的自我形象认知，克服惧学以及增加自信心，达成父母的期望。

 ❋ 索菲亚老师说

操作玩具，其实就是使用手部的小肌肉，只要让宝贝有兴趣，不断地重复练习一些技巧，握物及手部操作东西的能力也就会逐渐地训练成熟。但是，如果大人们太过心急，在宝贝3岁甚至更早，就让宝贝开始学习写字，反而会使宝贝形成不正确的握笔姿势，来修正虎口力气不足或小肌肉稳定度不足的问题，造成后来定型的错误握笔姿势，吃力且写得不好，令宝贝及家长都感到沮丧。

在研究统计中发现：4岁到4岁半的宝贝，约有3/4的比例可以使用成熟的握笔姿势；5岁至6岁的小朋友，已经有90%以上可以使用成熟的握姿；6岁以上的宝贝，则几乎全部都可以使用成熟的握笔姿势。

像祥祥这样的宝贝，已经7岁了，却仍然使用非成熟的握笔姿势，需要特别关照及矫正。父母也要多多注意宝贝的书写情况，避免像祥祥这样的宝贝，已经造成心理障碍后再来做纠正。

当宝贝的握笔姿势不恰当时，可能会造成下列问题：

●写字时手容易疲累，造成宝贝厌恶书写。

●写出来的字比较乱，或是写字的速度很慢。

●握笔写字时，某些笔画容易写不好，造成学习困难。

●握笔太用力导致笔尖易折断，或是画破纸面。

要改善宝贝的握笔姿势，可以从几种活动开始：首先要增进虎口的力量。利用弹钢琴或者是拍球的方式，训练虎口肌力，唯有肌力足够时，才会有良好的稳定度来拿握笔杆，指尖也才会有灵活的动作来控制握笔。

刚开始矫正时，可以用三角形铅笔，让宝贝握笔姿势正确。让宝贝使用笔杆较粗的铅笔来写字，可以减轻肌肉的疲乏以及手指关节的压力。还可以在写字时，用无名指及小指将一个小球或橡皮擦握于掌中，这姿势可以增加手掌的稳定度，增加前3指控制笔杆的灵活度。

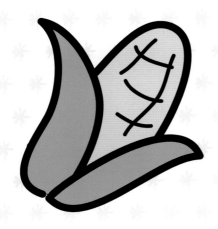

Part 2

◇ 资优培养要点 ◇

适当的管教让宝贝赢在起跑线

每一个宝贝都是父母的心头肉，许多父母巴不得把全部的爱都灌注到宝贝身上。我们常笑话某某人是"孝子""孝女"，这样"孝顺宝贝"的父母们，过度宠溺、保护宝贝，以至于出现所谓的"被溺爱儿童症候群"

（Pampered Child Syndrome）。

这群在溺爱下成长的宝贝，不但缺少独立自主的能力，连日常生活都容易出现问题，甚至有的富裕家庭的小孩上了初中还不会自己绑鞋带。这样的宝贝一有困难就容易害怕退缩，没有应变力，也没有和外界竞争的能力。

有些父母认为采取民主的方式教养小孩是尊重宝贝，但是民主的分寸如何拿捏则是一门大学问。给宝贝过度的自由，而没有适当的指导、规劝，会使宝贝认为自己不管什么行为都被许可，于是造成宝贝负面行为的增加，对自我的接纳能力降低。

幼儿园时期，是宝贝第一次迈入社会关系。一个缺乏协调性、自主性与分享的宝贝，在社交行为时容易被排挤。随着长大成人，这种挫折感愈发沉重，有可能带来忧郁、焦虑，甚至暴力行为的产生。

每次吃饭时，父母总是把最好吃的菜留给宝贝，宝贝不知所以，养成坏习惯：自己就要吃最好的，喜欢的食物也只顾自己享用，甚至有些小朋友上了小学，吃饭还要妈妈一口一口喂，连筷子都不太会用。爱宝贝不是错，但是父母要随时放手让宝贝去自己动手，就算是在一旁看着也好，不要因为溺爱而剥夺了宝贝学习的能力。

爱无法以爱多爱少去衡量，父母们应该去思考正确的爱是什么。没有一个父母能一辈子照顾宝贝，为了宝贝着想，不但应该让宝贝感受疼爱、照顾，更要适度地指导、要求宝贝学习自我控制及接纳。家长们，不要让你的爱变成宝贝成长的阻碍。

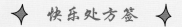

画你、画我、画影子

本单元设计的活动是"画你、画我、画影子"。针对像祥祥这样的宝贝专门设计的亲子活动，让被宠坏的宝贝，或者是较不喜欢动手的宝贝改善状况。

提高宝贝肌肉发育的操作，需要家长耐心地陪伴，以及设计新奇、有趣的活动，通过宝贝自发性的兴趣发展，达到改善小肌肉发育的目的，进而促进握笔能力。

▶▶宝贝年龄：5岁以上

▶▶人数：2～5人的亲子游戏

▶▶时间：10分钟

▶▶道具：☺喜欢的广告颜料或水彩颜色数种

　　　　☻透明塑料布一大块

　　　　☼水彩笔1支

　　　　♀小呼拉圈1个

▶▶音乐：用可爱且宝贝熟悉的儿歌做背景配乐，譬如《泥娃娃》

开始玩游戏喽

① 准备好数份透明塑料布，取一张塑料布平铺在呼拉圈上，剩余备用。

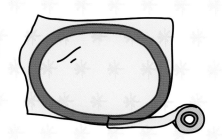

② 父母将呼拉圈紧贴脸部，让另一面的小孩用画笔在父母脸上的塑料布上，描出父母脸部的五官及头发，画画的时间大约5分钟。

 进阶游戏

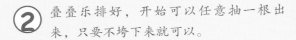

叠叠乐

功用或目的：建立数字或者颜色的概念，奠定逻辑数理的基础概念，同时改善小肌肉发育，促进握笔能力。

② 叠叠乐排好，开始可以任意抽一根出来，只要不垮下来就可以。

① 准备一张白纸和笔，让宝贝记录数字。

③ 进一步的玩法，是丢骰子指定抽出的颜色，而且只能用单手，训练宝贝指尖的控制力，再请宝贝把叠叠乐上的数字记录下来。

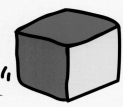

④ 父母以宝贝能够加减的范围，一边训练宝贝把白纸上的数字加起来，一边让宝贝训练手部的稳定度。

⑤ 先弄倒了叠叠乐的人算输。再把白纸上每个人的数字相加起来，总和最大的人是赢家。

MEMO注意事项

● 还可以利用一颗数字骰子，按照骰子骰出的数字来抽。每个人每骰一次，就要加上前一次的数字，一直加到叠叠乐的最大数，或者超过就要重新来过，先把叠叠乐弄倒的人算输。

● 刚开始游戏以10分钟为限，视宝贝的精神状态累加5分钟，最多不要超过30分钟。

◆ 营养资优餐 ◆
让宝贝肌肉有力量的美食

应当努力提升宝贝小肌肉的发育，特别是抓握力，否则在学校不管是写作业，或是画画，宝贝都会觉得挫折感很重。因此，通过抓握力的训练，加上父母的鼓励，以及营养素的补充，就是训练抓握力成功的铁三角。

很多宝贝的小肌肉发育并不健全，主要是因为大人的溺爱，没有给宝贝练习的机会，以至于在家拿筷子，到学校拿笔，总是窘态百出。这样的孩童除在抓握力方面需要加强外，也要有营养素的补充。

首先需要注意的是，蛋白质是肌肉组织的原料，能促进肌肉生长及修护。食物中以肉类、蛋类、奶类和豆类为蛋白质的主要来源，多补充可帮助肌肉发达强健。建议尽量提供动物性蛋白质，其中的必需氨基酸，比植物蛋白质的量多且质好，餐点中应以动物蛋白质为主。

此外，肌肉的运动依靠充足的能量供应，所以要让宝贝摄取充足的碳水化合物，补充运动中所消耗的能量。在这个过程中，以未加工的淀粉类作为主要的碳水化合物来源，对宝贝的情绪控制较有帮助，耐力也会提高，如糙米、胚芽米、五谷米、地瓜等，虽然可以提供碳水化合物成分，但不至于造成血糖失衡，同时也可以使宝贝有较长的饱足感。

菠萝鱼丁

营养分析表

热量	蛋白质	脂肪	碳水化合物
164千卡	8克	8克	15克

适合年龄：3岁以上

食材【2人份】

旗鱼肉······70克

罐头菠萝······1片

红甜椒······30克

洋葱······20克

四季豆······10克

调味料

葡萄籽油······1小匙

盐······1小匙

西红柿酱······1小匙

做 法

1. 旗鱼洗净，切小块；菠萝片沥干，切小块；红甜椒和洋葱分别洗净，均切菱形块；四季豆洗净，去老筋，切丁备用。

2. 锅中倒入葡萄籽油加热，放入洋葱炒香，加入红甜椒、四季豆炒匀，放入旗鱼炒至变色后，加入菠萝、盐、西红柿酱拌炒均匀，即可盛出。

注 意 事 项

♥ 本食谱用量适合3～6岁孩童，6岁以上孩童则视食量增加分量。

对 肌 肉 发 育 的 帮 助

营养方面

♥ 旗鱼肉脂肪低，磷与钙的含量高，对骨骼发育有很重要的作用，还能强化肌肉的收缩，对宝贝肌肉发育有帮助。

♥ 洋葱的辛辣味，来自于有机硫化物，能抗氧化，有利于增强抵抗力，预防感冒效果好。

三色豆腐茶碗蒸

营养分析表

热量	蛋白质	脂肪	碳水化合物
184千卡	14克	8克	12克

适合年龄：2岁以上

食材【1人份】

鸡蛋……1个

豆腐……30克

芹菜……10克

冷冻三色蔬菜……1大匙

调味料

柴鱼酱油……2小匙

做法

1. 豆腐洗净,切小丁;芹菜洗净去叶,切末备用。

2. 鸡蛋打入碗中搅散,加入150毫升清水、柴鱼酱油拌匀,倒入茶杯中。在杯中放入豆腐丁、芹菜末、三色蔬菜,放入电饭锅,外锅加1杯清水,蒸至开关跳起即可。

注意事项

♥ 本食谱用量适合4～6岁孩童,6岁以上孩童则视食量增加分量。2～3岁以下的孩童分量可减半。料理时三色蔬菜要剁碎。

对肌肉发育的帮助

营养方面

♥ 芹菜中钙、磷、铁的含量较高,比一般绿色蔬菜更优,同时有去腥的效果,可让宝贝增进食欲。

白玉大骨汤

营养分析表

热量	蛋白质	脂肪	碳水化合物
73千卡	2克	5克	5克

适合年龄：2岁以上

食材【2人份】

白萝卜……30克

金针菇……30克

新鲜黑木耳……10克

猪大骨……1个

芹菜……100克

调味料

盐……1小匙

做法

1. 白萝卜去皮洗净，切小块；金针菇洗净，切段；黑木耳泡水15分钟，捞出洗净；芹菜洗净备用。

2. 猪大骨放入滚水中汆烫，取出，以清水冲净后，放入锅中，倒入600毫升清水，加入芹菜以大火煮开，转中小火煮30分钟，即为大骨汤。

3. 取一个小锅，取大骨汤500毫升倒入，加入黑木耳、金针菇、白萝卜，以中火煮至食材软烂，以盐调味即可。

注意事项

♥ 本食谱用量适合4～6岁孩童，6岁以上孩童则视食量增加分量。2～3岁以下孩童分量可减半。汤里的食材料理时都要切细碎。

对肌肉发育的帮助

营养方面

♥ 大骨的主要营养成分是钙质，可以提供宝贝长高的元素，特别针对小肌肉发育，跟骨骼的发育正常也有关系，适当补充钙质，对儿童有极大的帮助。

海鲜面包盅

营养分析表

热量	蛋白质	脂肪	碳水化合物
244千卡	8克	9克	35克

适合年龄：3岁以上

食材【2人份】

法式面包（圆形）……2个

草虾……30克（约4尾）

玉米粒……1大匙

青豆仁……2大匙

胡萝卜丁……1大匙

洋葱末……1大匙

奶油……2小匙

全脂鲜奶……30毫升

面粉……1小匙

调味料

盐……1小匙

做 法

1. 法式面包顶部横切作为盖子，中心挖空；草虾去肠泥，洗净；烤箱预热至200℃备用。

2. 奶油放入平底锅中加热，放入鲜奶转小火煮沸，加入面粉混匀至糊状，加入盐调味，熄火倒出，即为白酱。

3. 小锅中加入半锅水烧热，放入除法式面包的所有食材烫熟，捞出至小碗中，加入"做法2"的食材搅拌均匀，倒入面包中，盖上盖子。

4. 放入烤箱，以200℃烤约5分钟即可。

注 意 事 项

♥ 本食谱用量适合3~6岁孩童，6岁以上孩童则视食量增加分量。2岁的孩童，分量可减半，青豆仁及胡萝卜丁要煮至软烂。

对 肌 肉 发 展 的 帮 助

营养方面

♥ 虾肉含有优质蛋白质，提供大量必需氨基酸，是肌肉细胞生长时重要的元素，有助小肌肉健全发育。

♥ 青豆仁是豌豆的精华，含有很多蛋白质、维生素A、维生素B族、铁、钙、磷，是肌肉细胞的重要元素，在增加肌肉细胞的功能上，功不可没。

吐司焗菜花

营养分析表

热量	蛋白质	脂肪	碳水化合物
211千卡	8克	7克	29克

适合年龄：3岁以上

食材【2人份】

吐司……2片

白花椰菜……30克

披萨用奶酪丝……10克

面粉……1大匙

低脂牛奶……50毫升

奶油……1小块(约5克)

调味料

盐……1小匙

做法

1. 烤箱预热至200℃。

2. 吐司去边，切丁，铺于烤箱内；白花椰菜洗净，切小朵，放入滚水中汆烫，捞出沥干，平均分散摆在烤盘中备用。

3. 锅中倒入奶油烧溶，放入面粉以小火炒匀，倒入牛奶炒匀，再加入30毫升的清水，煮至汤汁微稠，以盐调味。熄火，倒在烤盘上，撒上奶酪丝，放入烤箱，以200℃烤约15分钟即可。

注意事项

♥ 本食谱用量适合3～6岁孩童，6岁以上孩童则视食量增加分量。

对肌肉发育的帮助

营养方面

♥ 白花椰菜的维生素C含量是高丽菜、白菜、空心菜等蔬菜的4～15倍，比西红柿高出8倍，能促进小肌肉的发育。

♥ 奶酪是牛奶的浓缩，含有牛奶的精华，其中高量的蛋白质、维生素B族以及钙质，对宝贝的肌肉及智能发育都有帮助。

橙汁可丽饼

营养分析表

热量	蛋白质	脂肪	碳水化合物
189千卡	11克	9克	16克

适合年龄：2岁以上

158

食材【2人份】

柳橙……1/2个

柳橙汁……2大匙

牛奶……120毫升

鸡蛋……1个

面粉……20克

调味料

寡糖……1小匙

葡萄籽油……1小匙

做法

1. 柳橙洗净，去皮，去除柳橙肉纤维，切小块，1/4片柳橙皮以磨皮器削成薄末；面粉过筛备用。

2. 鸡蛋放入碗中打散，加入牛奶、寡糖、面粉拌匀，即为面糊，静置10分钟备用。

3. 取一小锅，加入柳橙汁、柳橙皮末略煮至香味溢出后熄火，放凉。

4. 平底锅倒入葡萄籽油烧热，倒入面糊，摇动锅使面糊均匀铺满锅面，以小火煎至面糊凝固即可翻面。煎至两面呈金黄色即可盛出，煎成两片，铺盘，摆上柳橙果肉，淋上"做法3"的食材即可食用。

注意事项

♥ 本食谱用量适合4～6岁孩童，6岁以上孩童则视食量增加分量。2～3岁孩童分量可减半，家长帮宝贝分成小块，方便食用。

对肌肉发育的帮助

肢体方面

♥ 制作柳橙汁时，可将柳橙切成4～8块，让宝贝用手直接捏出汁，以增加小肌肉动作训练。

营养方面

♥ 柳橙含丰富的维生素C，维生素C是细胞间质，是胶原细胞的重要成分，也是肌肉发育的重要元素。

巧克力布丁

营养分析表

热量	蛋白质	脂肪	碳水化合物
148千卡	2克	8克	17克

适合年龄：2岁以上

食材【1人份】

黑巧克力砖……10克

低脂牛奶……150毫升

蛋黄……1个

调味料

细砂糖……2小匙

可可粉……1小匙

做法

1. 黑巧克力砖切碎，放入小锅中；蛋黄置于小碗中，用打蛋器打匀；可可粉过筛；烤箱预热至180℃备用。

2. 将牛奶倒入巧克力碎片中，置于炉上，小火加热搅拌至巧克力溶化，再加入可可粉、砂糖拌匀，离火。

3. "做法2"的食材待稍凉后，缓缓加入蛋黄，以打蛋器搅拌均匀，倒入布丁模中，放入烤箱，以180℃隔水烘烤约15分钟，取出，待凉即可食用。

注意事项

♥ 本食谱用量适合4~6岁孩童，6岁以上孩童则视食量增加分量。2~3岁的孩童分量可减半。

对肌肉发育的帮助

肢体方面

♥ 可以让宝贝协助一些程序，譬如用塑料刀将巧克力砖切碎，除了增加参与感，还能达到训练小肌肉的目的。

营养方面

♥ 巧克力对宝贝而言，有极大的吸引力，其中的营养主要是脂肪及蛋白质。人体所需的微量元素，如镁、钾、钙、铁等，巧克力当中也存在。不过因为其含有令人兴奋的咖啡因，大量食用对宝贝并不好，所以在食物中仅少量添加，促进宝贝的食欲即可。

VII. 资优培养第七步：
宝贝不退缩的勇气培养课

真实案例
害羞退缩的小玉

背景资料

姓名：小玉

性别：女

年龄：6岁

主要问题或症状：虽然在钢琴老师的指导下，可以把琴弹得很好，可是拒绝参加演奏会；平常只要上课，老师问任何问题都回答得很小声，或是话还没说就先哭了出来；有严重的社交恐惧症，让同学和老师都不知道要怎样协助她。

✳ 小玉的故事

小玉是个长得很漂亮的宝贝，鹅蛋脸上有一对圆滚滚的大眼睛。鼻梁挺直，微翘的嘴唇，再加上笑起来一对可爱的酒窝，让人忍不住会多看两眼。

妈妈带小玉来报名活动，但是在课程中，小玉跟其他同学一起游戏，却完全不表达意见，常常面无表情地坐在一旁。小队长要求她说话，她就把头低下，完全不愿意响应。整个过程非常听话，但却不多说一句话。

过高的期望给宝贝无形中的压力

显然，小玉可能有社交障碍的问题。一般时候，这样的宝贝在班上是个乖孩子，交待的功课会乖乖做完，老师通常也不以为意，不会特别注意她，认为她就是不爱说话。所以只要不叫小玉发言，就不会有什么问题发生。

164

但是我注意到，在一旁的妈妈却是焦急万分，总是一直催促小玉说话，回答问题。小队长发现小玉不响应，企图跳过她选择别人回答，妈妈依然逼着小玉说话，到最后，小玉就开始啜泣起来，助教只好把她带走，让活动可以继续进行。

下课时，我请妈妈留下来，将观察到的情形回馈给妈妈。当妈妈听到老师的叙述，表情似乎十分沮丧，当着老师的面就开始数落小玉。批评她老是一副受虐儿的样子，害爸妈都在大家面前抬不起头来。同时对着我开始抱怨，说这小玉是生来向她讨债的。家族中只有这个女孩，全家族都爱这小玉，偏偏小玉就是很封闭，从小就不肯应人，结果大家都对妈妈不满，以为是妈妈指使宝贝，对这个亲戚、那个亲戚不礼貌，让她这个做妈妈的有理也说不清。妈妈一心一意只想要让宝贝开口，想不到每次小玉都用哭泣收场。

不少父母对宝贝期望过高，宝贝反而容易自我否定。以高标准的眼光对待孩子，身心都还没准备好，就被推入各式竞争当中，活在老师及父母的批评下，常常无所适从。

每个父母都希望自己的小孩充满自信与勇气。的确，当遇到困难时，充满自信与勇气的宝贝，通常能积极地面对问题，改善现状。但是宝贝的自信是内在性格的培养，需要从自我接纳以及自我价值开始建立，进而勇敢地迈入社交当中。如果父母一开始就用高标准严格要求宝贝，最后宝贝只会逃避、反抗。

举一个常见的例子：大部分的父母觉得英语很重要，会将宝贝目标设定为"背很多的单词"，宝贝一回到家就追问今天学了几个单词，一旦觉得自己的宝贝跟别人比起来，单词量背得少，就想办法上补习班提高。有时操之过急，使初学的宝贝很难达到目标，甚至于不愿意再学习，产生拒学的念头。

像小玉这样的宝贝，其实并没有什么智力上的问题，只是因为长

期的自我形象低落，以至于造就低成就感的假象。这样的宝贝，往往是由完美主义的父母，或是同样自我形象低的父母，长期培养形成的人格。和小玉的母亲谈过几次后，我发现，由于父母本身对于宝贝的期望极大，对于宝贝的一些小错误，往往就使用极为严厉的态度及方法，企图修正宝贝的行为。而这样的行为，其实是小玉的外公外婆过去对小玉的妈妈使用的管教方式，以至于曾受过挫折的母亲，带出一个没有信心的宝贝。

幸运的是，小玉可以在年龄较小的时候，就通过个人辅导和家庭辅导，让自己受挫的信心，得以重新恢复，修正被扭曲的自我形象。

索菲亚老师说

在小玉这类孩子身上，我们看到在尝试错误的过程中，由于大人的反应激烈，让宝贝留下了许多恐惧，继而产生无力感、退缩、害怕等。于是在成长的过程中，就变得愈来愈不愿意尝试。当碰到陌生的环境，就干脆逃到别处；或是在尝试的过程中，得不到父母的肯定与支持，宝贝觉得自己软弱无能，无法相信自己、肯定自己。

怕孩子输在起跑线

在小玉的案例中，我们发现她的双亲有一人，甚至两个人都是在不被肯定和充满批评的环境中长大。他们渴望宝贝能够代替自己，成为一个被肯定的个体。

带着这样的期望，父母就会看不清楚宝贝现在的状况，不是过头的称赞，就是过头的责备。学到任何一种方法，就迫不及待要用在宝贝身上，似乎家长够努力，宝贝就一定可以出人头地。可以说，这些父母有"怕孩子输在起跑线"的焦虑。

因此，父母首先应当了解宝贝的状态，接纳宝贝的长处，通过设定可以达成的目标，接纳宝贝所达成的结果，提高宝贝的自信心。

帮助低成就感的宝贝建立自信，这里分为两个阶段：先要让宝贝对自已认识清楚，知道自己会做什么，什么事不会做或没有把握。这个阶段需要父母极大的接纳及肯定，无论宝贝能做或不能做，父母都要无条件地接纳，不要因为宝贝做不好就惩罚。

下一个阶段是要让宝贝学会找到解决问题的方法。从小问题到大问题，父母都耐心地陪在宝贝身边，倾听宝贝的心声，成为宝贝的支持者。建立宝贝与父母讨论、解决问题的沟通管道，明确鼓励的标准。

一个人的改变会带动全家人的改变

小玉的妈妈在这样的课程中，逐渐学会接纳自己，肯定自己，她终于知道如何去肯定自己的宝贝，让小玉在她这个年龄，维持她该有的天真，以及探索的勇气。

家庭其他成员，在这个过程中，也在提供协助。爷爷、奶奶、小玉的爸爸，比小玉小3岁的弟弟，都在家庭团体辅导中，看到彼此的爱与帮助，让小玉渐渐不害怕对外的活动。

过了一段时间，小玉由于自信心的增长，有勇气代表班上去参加才艺表演，结果她才发现，不只是从小学习的钢琴，让她充满自信，她的语言能力也很强，在一次演讲比赛中，她竟然拿到了第一名。妈妈的支持，让小玉发现，她真的做得好。

鼓励塑造自信的小英雄

在这个案例中，小玉所表现出来的，正是许多宝贝容易出现的信心缺乏症。这样的宝贝，并不是天赋不足，更不是环境不好，而是因为情绪的压抑，周边的人的完美主义倾向，让宝贝觉得，除非表现良好，否则，自己没有存在的价值。有些宝贝从小就有胃溃疡的问题，或者失眠、焦虑、强迫症，这些都是因为内在压力太大。这样的宝贝，不是不够认真，反而常常努力到让人心疼。但是却因为内心深处自信不足，觉得自己做什么事都会失败，担心丢脸，最后就干脆什么都放弃。

在人的心理发展阶段中，孩童时期是学习最旺盛的阶段，在这个阶段中，主要的照顾者与宝贝的互动，是影响孩童自信心发展非常重要的因素。

当宝贝有些不如期望发展时，父母如果只是一味地检讨失败的原因，归咎于宝贝不努力，进而制定更高的目标，将使得宝贝处于压力与情绪中，无法正向地面对困难，正确地解决问题。

每个父母都可以试试看，正确的鼓励，无条件的接纳，让宝贝走到充满信心的大路。虽然每个人都知道鼓励的重要性，但许多时候，当人面对极大的压力时，往往就会用自己原始的能力来面对。鼓励不代表空泛地赞美，接纳也不代表一味地溺爱，不妨多鼓励与接纳宝贝，帮宝贝从小建立自信心和勇气。

快乐处方签

惊喜盒

在鼓励之下长大的宝贝，对于自己比较有信心。为了让宝贝有较高成就感，每次宝贝完成一些小小的任务时，请父母大大地回应，就算觉得很普通的事情，也要鼓励宝贝的进步，让宝贝不断被接纳，最终可以改变自我形象。

开始玩游戏喽

用具组

① 第一次玩时先将生活组道具放在惊喜盒中，第二次再换成用具组的物件。

生活组

② 将两个纸箱分别贴上惊喜盒及奖励盒的条子，将箱子密封，做个手可以伸进去，但又无法把东西拿出来的洞口。

170

③ 剪刀、石头、布，确认谁可以伸手进入惊喜盒，通过触觉指出是哪种东西。

④ 正确说出的人，可以到奖励盒抽出一张奖励卡。

⑤ 奖励卡上面可以是实质的礼物，或者是口头的赞美。若是赞美的话语或行动，其他参与者要配合说出赞美或者给予肢体鼓励。例如：拥抱、亲一个、击掌。

动物进行曲

功用及目的：以宝贝容易做到的方式，让宝贝做智能学习，父母则用正向积极的字眼，如"你做得好极了！""很厉害唷！"之类的鼓励话语，让宝贝乐于探索自然，并且觉得自己很有价值。

1. 爸爸妈妈收集动物影集，跟宝贝一起看10分钟。
2. 收集影集中有的动物卡片，也可以由亲子一起绘制。请爸妈抽出卡片，跟宝贝一起研究动物的名字，以及模仿动物的叫声。

◆ 营养资优餐 ◆

让宝贝更加自信的美食

很多宝贝在成长的过程中，由于被批评得多，被鼓励得少，以至于养成遇事退缩，不够自信的现象。在东方人的世界中，不但是宝贝，许多的大人也都有这样的问题。因此，通过活动引导，加上营养补充，让宝贝可以内外兼备修，即是本单元非常重要的议题。

有些宝贝因为感觉较为敏感，对于周围的环境常常无法适应，原本很好的能力，却因为表达困难而被低估，甚至自我否定。本单元所提供的餐点，目的是要降低宝贝对于环境的敏感反应，提供情绪愉悦的元素，进而增加宝贝对于肌肉操作的能力，以提升自信心。

针对自我退缩、低价值感、低成就感的宝贝，可在平常饮食中多食用本单元的餐点。在以下餐点中，我们特别加强肌肉的发育及活力的补充。

活力的来源为多糖体，黑豆、桂圆、鸡肉、鸡蛋等食物，是极力推荐的信心食材。还有菇类的多糖体也不遑多让，是作为宝贝餐点的理想食材。

银菇莲子焖饭

营养分析表

热量	蛋白质	脂肪	碳水化合物
186千卡	7克	10克	17克

适合年龄：2岁以上

食材【2人份】

胚芽米……50克（约4大匙）

莲子……15克（约10颗）

金针菇……30克

鸿禧菇……30克

绿竹笋……30克

猪肉馅……35克

调味料

葡萄籽油……1大匙

盐……1小匙

鸡高汤……1杯

做 法

1. 莲子去芯，和胚芽米分别洗净；金针菇、鸿禧菇及绿竹笋洗净，切碎备用。

2. 炒菜锅加入1/2大匙葡萄籽油烧热，放入金针菇、鸿禧菇及绿竹笋，拌炒1分钟，加入肉馅、莲子，炒至肉变色，盛盘待用。

3. 倒入剩下的油烧热，放入胚芽米，炒至饭变色。起锅，加入鸡高汤、盐及所有配料拌匀，放入电饭锅内锅，外锅加1杯清水，煮至米饭熟软即可。

注 意 事 项

♥ 本食谱用量适合4~6岁孩童，6岁以上孩童则视食量增加分量。2~3岁以下孩童，可酌量给予1/3到1/2的量。料理时菇类和笋子都要仔细切细碎，蒸煮时可多加些，把饭煮得软烂点。

对 提 高 自 信 心 的 帮 助

营养方面

♥ 莲子是凉补的食物，可调整体质、平衡心情，让宝贝情绪愉快，信心足。

♥ 菇类中有多种多糖体菌丝，对于增强抵抗力有很好的效果，也可以提升宝贝的自我掌控力，建立自信心。

意大利烤鸡

营养分析表

热量	蛋白质	脂肪	碳水化合物
212 千卡	7克	16克	10克

适合年龄：2岁以上

食材【2人份】

鸡胸肉……60克

西红柿……20克（约1/5个）

洋菇……20克（约4朵）

披萨用奶酪丝……2大匙

调味料

葡萄籽油……1小匙

意大利面红酱……60克

盐……1小匙

做法

1. 洋菇及西红柿切丁；烤箱预热至200℃，备用。

2. 锅中放入葡萄籽油烧热，放入洋菇及西红柿炒香，倒入红酱煮至沸腾，熄火起锅备用。

3. 鸡胸肉洗净，切大块，抹上盐，置于烤皿中，淋上"做法2"的食材，撒上奶酪丝，以200℃烤约15分钟即可。

注意事项

♥ 本食谱分量适合4～6岁的孩童，6岁以上孩童则视食量增加分量。2～3岁以下孩童分量可减少1/2或1/3。在小朋友食用前家长要先将鸡肉块撕碎，方便宝贝使用。

对提高自信心的帮助

营养方面

♥ 鸡肉可以补充蛋白质，增加肌肉发育能力，提高宝贝对于肌肉操作的自信。

翡翠牛柳

营养分析表

热量	蛋白质	脂肪	碳水化合物
175 千卡	7克	15克	3克

适合年龄：3岁以上

食材【2人份】

牛柳……75克

金针菇……50克

莴苣……30克

九层塔……20克

调味料

A腌料：蒜末……1小匙

黑胡椒……1小匙

B调味料：葡萄籽油……2小匙

纯酿酱油……2小匙

做法

1. 莴苣切丝；金针菇切三段；九层塔切丝备用。

2. 腌料混合，倒入牛柳腌30分钟，备用。

3. 锅中放入葡萄籽油加热，放入九层塔爆香，再放入牛柳炒至变色，加入莴苣，以小火拌炒均匀，加入酱油拌炒，即可盛出。

注意事项

♥ 本食谱分量适合4~6岁孩童食用，6岁以上孩童则视食量增加分量。

对提高自信心的帮助

营养方面

♥ 九层塔富含多种有益儿童智能发育的元素，特别是富含维生素A、矿物质、磷、铁，能提升孩童的智力发育，促进自我肯定。

馒头水果盅

营养分析表

热量	蛋白质	脂肪	碳水化合物
204千卡	6克	0克	45克

适合年龄：3岁以上

食材【2人份】

香蕉……20克（约2大匙）

苹果……20克（约2大匙）

葡萄……2颗

菠萝……20克

洋菜粉……10克

山东大馒头……1个

调味料

寡糖……2小匙

做法

1. 全部水果洗净，切小丁备用。

2. 大馒头对切，中心挖空，挖出的馒头切成小丁，备用。

3. 锅中放入200毫升清水煮沸，放入洋菜，煮到洋菜完全溶化，放入菠萝，煮到菠萝软化，加入寡糖搅拌均匀，熄火，放入挖出的馒头丁，让馒头与洋菜融合在一起，倒入不锈钢盆中，放凉凝固后，取出切丁。

4. 所有的水果及果冻放入馒头盅，用汤匙食用。

注意事项

💜 本食谱用量适合4~6岁孩童，6岁以上孩童则视食量增加分量。2~3岁的孩童，可酌量给予1/3到1/2的量。

对提高自信心的帮助

营养方面

💜 苹果富含维生素C，可以增加宝贝的抵抗力，也是一种天然的镇定剂，和香蕉都有抵抗压力、减少不安和焦虑的功能。

花生燕麦粥

营养分析表

热量	蛋白质	脂肪	碳水化合物
158千卡	2克	10克	15克

适合年龄：2岁以上

食材【2人份】

花豆……20克（约1.5大匙）

生花生……10克（约1.5大匙）

胚芽米……20克（约1大匙）

速溶燕麦片……20克（约4大匙）

小米……20克（约1.5大匙）

调味料

寡糖……2小匙

做法

1. 花豆、生花生及胚芽米分别洗净，沥干备用。

2. "做法1"的食材放入果汁机，加入200毫升清水，打成浓浆。

3. 浓浆放入小锅中，加入200毫升清水、燕麦片、小米及寡糖，以小火边煮边搅拌，煮成粥状即可。

注意事项

♥ 本食谱分量适合4～6岁的孩童，6岁以上孩童则视食量增加分量。2～3岁以下孩童，可酌量给予1/3到1/2的量。

对提高自信心的帮助

营养方面

♥ 花豆富含植物性蛋白质、卵磷脂、维生素、矿物质、微量元素、碳水化合物与多种酵素，可以有效帮助宝贝的智能发育及神经安定，提升自信度。

♥ 胚芽米的营养高，其中丰富的碳水化合物可以轻易转化成能使用的热量，快速提供精力，让宝贝有可以达成任务的成就感。

桑葚松饼

食材【2人份】

桑葚果酱……4小匙

低筋面粉……50克

牛奶……40毫升

鸡蛋……2个

调味料

寡糖……2小匙

葡萄籽油……2小匙

做法

1. 鸡蛋打入大碗中，以打蛋器打至蛋液呈浅黄色乳沫状，加入低筋面粉、牛奶、寡糖，轻轻拌匀，即为面糊，静置10分钟，备用。

2. 平底煎锅中倒入少许葡萄籽油烧热，舀1大匙面糊放入锅中，煎2分钟之后，翻面再煎2分钟，盛出，再倒入其余的葡萄籽油把剩余的面糊都煎完。

3. 淋上桑葚果酱即可食用。

注意事项

♥ 本食谱分量适合4～6岁孩童食用，6岁以上孩童则视食量增加分量。2～3岁以下孩童分量可减少1/2或1/3。

对提高自信心的帮助

营养方面

♥ 桑葚含有18种氨基酸，还有维生素A、维生素B$_1$、维生素B$_2$、维生素C、维生素D、β-胡萝卜素、葡萄糖、果糖、苹果酸、钙质、铁质，能有效提高人体免疫力。

桂圆黑豆布丁

营养分析表

热量	蛋白质	脂肪	碳水化合物
182千卡	12克	9克	11克

适合年龄：2岁以上

食材【2人份】

黑豆……15克

桂圆……5克

鸡蛋……100克

牛奶……250毫升

调味料

寡糖……10克

做法

1. 黑豆洗净，加入清水200毫升，静置浸泡5小时以上，捞出沥干。

2. 黑豆放入锅中，加入清水200毫升，放入电饭锅中，外锅加水200毫升，煮至黑豆熟软，取出，沥干水分备用。

3. 鸡蛋打入碗中，用打蛋器打匀，加入牛奶、煮熟的黑豆、桂圆以及寡糖搅拌均匀，分别盛入2个小碗，再放入电饭锅中，外锅加水250毫升，蒸煮至布丁凝固，取出即可。

注意事项

♥ 此分量适合6岁以上的孩童。6岁以下的宝贝，请酌量减少分量。

对提高自信心的帮助

营养方面

♥ 桂圆具有安定神经的功能，同时对益智也有帮助，一般宝贝喜欢桂圆的香味，可以刺激食欲、改善体质，对于容易胆怯的宝贝，能给予补元气的桂圆，可以帮助宝贝提升自信心。

♥ 黑豆有补气功能，在早餐时食用，能蓄积宝贝一整天的精神，帮助宝贝信心满满。

本书繁体字版由台湾邦联文化授权出版

非经书面同意，不得以任何形式复制、转载

著作权登记号　图字：01-2013-3967

图书在版编目（CIP）数据

宝贝，吃出聪明来：0～6岁宝贝的吃喝玩乐资优课/庄淑妃著.
— 北京：东方出版社，2013

ISBN 978-7-5060-6578-8

Ⅰ．①宝…　Ⅱ．①庄…　Ⅲ．①婴幼儿—食谱
Ⅳ．①TS972.162

中国版本图书馆CIP数据核字（2013）第171244号

宝贝，吃出聪明来——0～6岁宝贝的吃喝玩乐资优课

（BAOBEI，CHICHU CONGMING LAI：0～6SUI BAOBEI DE CHIHE WANLE ZIYOU KE）

庄淑妃　著

责任编辑： 张　旭　杨朝霞　庆　宇　李　娜

出　　版：东方出版社

发　　行：人民东方出版传媒有限公司

地　　址：北京市东城区朝阳门内大街192号

邮政编码：100010

印　　刷：北京鹏润伟业印刷有限公司

版　　次：2013年10月第1版

印　　次：2013年10月北京第1次印刷

开　　本：710毫米×1000毫米　1/16

印　　张：12.5

字　　数：198千字

书　　号：ISBN 978-7-5060-6578-8

定　　价：39.80元

发行电话：（010）65210059　65210060　65210062　65210063

新妈妈及准妈妈人手必备育儿私房书

致准妈妈和新妈妈——

从一周忙碌的工作中，
从周末忙碌的扫货、SPA、看电影中，
省出那么一点点时间，
改变"让老人或保姆全天候带孩子"的惯例，
与我们一起对宝贝倾注多一点爱，
保证每周至少亲自下厨一次，
用爱意填饱宝贝的胃！

和元文化　官方微博
http://e.weibo.com/heyuanwenhua

庄淑妃

从小就很难专心、上课老坐不住、别人的课本看起来永远比较好看的小孩，毕业后一头栽入儿童心理咨商工作，主张从教养入手，更要加强食物中的优良营养素，鼓励父母从食物和游戏两者一起运用，让这些孩子不必重蹈她的历程，活得更快乐、更有自信。